Les recettes de tartes, quiches et
cakes salés et sucrés préférés des français

# 法國人
## 最喜歡的
# 鹹派／甜塔／
# 鹹蛋糕

上田淳子

出版菊文化

## Introduction

所有法國人都非常喜歡鹹派、甜塔和鹹蛋糕。

即便是忙碌的家庭，平時也會製作這些享用。提到派、塔和蛋糕，人們可能會聯想到甜點，但是鹹味的派、塔和蛋糕有著豐富的變化。正因如此，在法國人們可以用非常實惠的價格購買冷凍塔皮，而且味道非常好。相比之下，在日本雖然價格高，但很難找到令人滿意的味道。

既然沒有，那就自己動手做吧！本書提供了可以輕鬆製作的麵團配方，經過多次測試後，提供讀者失敗率極低的食譜。只需要一些小巧思，就可以輕鬆擀開麵團！稍微調整份量，就可以做出比平時更酥脆的口感。此外，為了讓更多人輕鬆製作派、塔，我們不使用特殊的工具。雖然有食物料理機和重石會方便一些，但我們提供了即使沒有這些工具，也可以製作的方法。

本書介紹的麵團，大致可分為3種。

「酥脆塔皮麵團 Pâte brisée（鹹派麵團）」、「甜酥麵團 Pâte sucrée（甜塔麵團）」、「鹹蛋糕 Cake salé（鹹味的蛋糕麵糊）」。它們都可以冷凍保存，所以如果在週末製作好備用，平日只需要完成最後一個步驟即可。此外！不只鹹派、鹹蛋糕，我們還將加上水果的甜塔製作成適合搭配葡萄酒的口感。這是一個滿足 " 從未製作過點心，但喜歡葡萄酒 " 的人的菜單。

將它們加入日常飲食、招待客人、或帶著去聚會吧。

期待大家也能更加喜愛法國的鹹派、甜塔和鹹蛋糕。

上田淳子

製作的4個重點

# Point

## 1.只要學會3種麵團

法國人日常享用的粉類料理，有酥脆塔皮麵團、甜酥麵團、鹹味的蛋糕麵糊。因此，本書會仔細說明這3種麵團的製作方法。只要學會基本的3種麵團，就能享受變化豐富的鹹派、甜塔和鹹蛋糕了。也能應用在酥脆塔皮麵團中折疊入奶油，製作出折疊派皮麵團的變化組合。

## 2.滿滿的製作技巧

製作鹹派或甜塔時最困難的地方，應該是迅速薄薄地擀壓麵團吧。因此在本書中傳授簡單擀壓麵團的方法－夾入烤盤紙或保鮮膜的方式。除此之外，會儘量消除製作麵團時的「困難」、「麻煩」，介紹不會失敗的方法給大家。

## 3. 不需要特別的工具

因為希望讓大家能更簡單製作鹹派、甜塔與鹹蛋糕，書中是即使沒有食物料理機或重石，也能完成的食譜。只要使用家裡既有的缽盆、攪拌器、烤皿，還有塔模或磅蛋糕模型即可。完全不需要特別的工具，只要是想要作！就能立即動手。

## 4. 可以製作好備用

在法國，每日餐食都能輕鬆地烘烤鹹派或甜塔。但對於不以粉類料理為主食的日本人而言，忙碌的平日還要「特地製作」就可能莫名的抗拒。那好吧！製作能備用的麵團，再介紹保存方法。只要作好麵團備用，接著製作填餡或奶蛋液（appareil）就能立刻完成，如此可以更簡單地享受鹹派與甜塔。

# Contents

# Pâte brisée
### 酥脆塔皮麵團（鹹派麵團）

# Pâte feuilletée（折疊派皮麵團）

# Pâte sucrée

甜酥麵團（甜塔麵團）

# Cake salé

鹹蛋糕（鹹味的蛋糕麵糊）

【本書的使用方法】

• 本書烤箱的烘烤時間、溫度，以使用瓦斯烤箱為標準。
依熱源、機種，烘焙完成時間可能略有差異。
請視使用的烤箱進行調整。
不容易呈現烘烤色澤時，請試著將溫度調高10℃，或
是將烘烤時間略為拉長。

• 各食譜中使用的「推薦葡萄酒」，是適合搭配該料理的
葡萄酒類型。
在搭配組合時請作為參考。

• 1小匙＝5ml、1大匙＝15ml。

• 雞蛋使用M尺寸。關於其他材料請參考P.124。

• 材料中使用的葡萄酒，白葡萄酒使用的是不甜的，紅
葡萄酒使用的是較無澀味的種類。

• 食譜上，蔬菜的「清洗」「去皮」等通常會視為前置作
業而省略。

• 微波爐以600W功率為加熱時間的標準。若使用500W
時，加熱時間是1.2倍、700W時則請改為0.8倍。

"「快速、薄」而酥脆的鹹派麵團"

# 1
# Pâte brisée

**酥脆塔皮麵團（鹹派麵團）**

Pâte brisée的「Pâte」在法文中是指「麵團」，「brisée」是「破碎」、「脆弱」的意思，就是製作鹹派，酥酥脆脆的酥脆塔皮麵團。在這個單元中，我們介紹了如何將酥脆塔皮麵團變化搭配後，用於鹹派、起司塔以及火焰薄餅（Tarte Flambée）等。

我認爲一個美味的鹹派，應該有薄而鬆脆的派皮和厚而濕潤的餡料之間的對比。爲了實現這個目標，我們需要盡量把派皮做得薄一些。然而，將派皮擀薄有點難度，若過度使用麵粉會影響味道，考量到這一點，因此推薦將麵團包夾在烤盤紙或保鮮膜之間的方法。只是這樣的小撇步，就能顯著地提高擀麵皮的易操作性。再加上飽滿厚實的奶蛋液更能呈現美味，因此使用較深的模型。想要呈現內餡柔軟的成品，所以在倒入奶蛋液後，用低溫較長時間烘烤。相較於市售的鹹派，這種做法更加鬆脆濕潤！希望大家務必試試這種美味。起司塔或火焰薄餅（Tarte Flambée）也會因薄薄延展的派皮而更添美味。

此外，在酥脆塔皮麵團上刷塗奶油折疊的「折疊派皮麵團 Pâte feuilletée」，簡單的製作方法也合併一起介紹。從正統的法式料理至翻轉蘋果塔等糕點作法全都呈現給大家。

# Pâte brisée

# 「酥脆塔皮麵團」的基本製作方法

酥脆塔皮麵團＝鹹派麵團，奶油和粉類不揉和地混合就是要領。

## 材料 （1個的份量）

低筋麵粉…120g
鹽…2小撮
奶油（含鹽）…60g
牛奶…2～2又½大匙

預備
• 奶油切成1cm塊狀，置於冷藏室冷卻備用。

## 使用模型

＊P.16～29是 模型類 、P.30～59是 無模型類

鹹派 （P.16～23）

直徑18 × 高4cm的蒙克模（manqué）

甜塔 （P.24～29）

直徑20× 高2.5cm的塔模

### 以食物料理機製作時

❶ 將低筋麵粉、鹽、冰冷的奶油一起放入食物料理機內。
❷ 邊視情況邊用跳打鍵重覆短時間攪打成碎粒。待攪打成粗粒像磨碎的帕瑪森起司般鬆散狀即OK。 ＊3～5則與右頁相同。

## 1

在缽盆中放入低筋麵粉、鹽混拌，放入冰冷的奶油。避免直接觸摸奶油，在表面撒上低筋麵粉，用指尖捏散奶油並迅速地以手快速與低筋麵粉搓散。

## 2

全體呈乾燥鬆散狀，搓成像粗粒磨碎的帕瑪森起司般鬆散。

## 3

牛奶圈狀澆淋在2上，與粉類融合般使其滲入。一旦揉和就會產生黏性，因此務必注意絕不可揉和地避免揉麵。使水分確實融入形成濕潤狀，讓粉類沾裏牛奶。

## 4

將保鮮膜攤開成正方形，擺放3的麵團（此時尚未完全整合成團也沒關係）。

## 5

在保鮮膜上略用力按壓（不要揉搓）使其黏合，整合成平坦狀。若製作時需要正方形，就可以在這個時候整合成正方形。

## [ 保存時 ]

用保鮮膜包覆麵團，放入夾鏈袋內，冷藏或冷凍。

保存時間：冷藏2天、冷凍1個月
解凍方法：移至冷藏室解凍，使用時取出略放置於室溫下，就可以變得容易延展了。

# 「模型類」的空燒方法

⇒用於 P.16 ～ 29、62

## 1

裁切出略大的正方形烤盤紙，擺放上 P.13 的麵團，覆蓋保鮮膜。

## 2

由保鮮膜外用擀麵棍將麵團擀成直徑22～23cm的圓形。

⇒由覆蓋的保鮮膜上方進行擀壓時，擀麵棍不會沾黏麵團，也更容易延展。若麵團很黏時，可以撒上手粉或先暫時放回冷藏室，再進行擀壓即可。

## 3

將麵團翻面剝除烤盤紙，剝除烤盤紙面朝下，貼合在模型內。模型和麵團間不留空隙地確實貼合！

⇒由保鮮膜外按壓，可以更容易貼合。

## 4

保持覆蓋著保鮮膜，貼合在模型內的狀態下，靜置於冷藏室1小時以上。

## 5

以180℃預熱烤箱。除去保鮮膜，用刀子切除超出模型的麵團。

## 6

以三層鋁箔紙放置在5的麵團上，放上烤皿取代重石。

⇒有重石時，就直接鋪放在鋁箔紙上。

## 7

用180℃的烤箱烘烤20分鐘。烤色過淡時，可以除去鋁箔紙再烘烤5～10分鐘。

## 8

完成時若有空洞，可以貼上切下的麵團填塞空洞後，再擺放食材。

# 「無模型類」的空燒方法

⇒用於 P.30 ～ 39。在此製作 P.30「培根洋蔥的火焰薄餅」麵團

## 1

裁切出略大的正方形烤盤紙，擺放上 P.13 的麵團，覆蓋上保鮮膜。

## 2

在保鮮膜外用擀麵棍，將麵團擀成20×25cm的長方形。

⇒擀麵棍由覆蓋的保鮮膜上方進行擀壓時，麵團不會沾黏也更容易延展。若麵團很黏時，可以撒上手粉或先暫時放回冷藏室，再進行擀壓即可。

## 3

除去保鮮膜，將烤盤紙的左右折入作出想要的寬幅，避免麵團橫向延展，將麵團擀成漂亮的正方形。

⇒若麵團很黏時，可以連同烤盤紙先暫時放回冷藏室，靜置30分鐘。

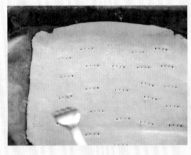

## 4

以180℃預熱烤箱。連同烤盤紙一同擺放在烤盤上。用叉子在麵團表面刺出小孔洞（piquer）。

## 5

用180℃的烤箱烘烤20分鐘。

*Pâte brisée*

酥脆塔皮麵團

# 洛林鹹派 模型類

Quiche lorraine

洛林鹹派是法國洛林地區的傳統料理。
放上培根和洋蔥的鹹派是經典中的經典。
簡單的配料加上起司的濃郁和乳霜般的奶蛋液，
再加上酥鬆的派皮，
讓彼此的風味得到最大限度的發揮。

**材料**（直徑18×高4cm的蒙克模 manqué 1個）
酥脆塔皮麵團（P.12）⋯1個

[ 填餡 ]
洋蔥⋯⅓個
培根（盡可能是塊狀）⋯70g
蘑菇⋯6個
沙拉油⋯1小匙
鹽、胡椒⋯各少許
起司（最好是磨碎的葛律瑞爾起司 Gruyère。
　披薩用起司也可）⋯50g

[ 奶蛋液（蛋液）]
雞蛋⋯2個
鹽⋯¼小匙
胡椒⋯少許
牛奶⋯100ml
鮮奶油（乳脂肪成分40%以上）⋯100ml

### 空燒派皮

❶ 請參照 P.14，將麵團舖入模型中，空燒。

### 製作填餡

❷ 洋蔥切碎、培根切成長條狀，蘑菇切去底部，再切成5mm寬薄片。平底鍋中放入油拌炒培根，待釋出油脂後加入洋蔥、蘑菇拌炒，至軟化後用鹽、胡椒調味，冷卻。

### 製作奶蛋液

❸ 在缽盆中攪散雞蛋，放入鹽、胡椒混拌，加入牛奶、鮮奶油，充分混合拌勻。

### 烘烤

❹ 以160℃預熱烤箱。將②的填餡、起司混拌後鋪入①完成空燒的派皮內，倒入③的奶蛋液（a、b），用160℃的烤箱烘烤40～50分鐘。

a

b

Le vin suggéré
**推薦的葡萄酒**
• 輕盈清爽的白葡萄酒或氣泡酒
• 不甜的粉紅酒

# 番茄和夏季蔬菜的鹹派 [模型類]

Tarte à la tomate provençale

如果要比喻的話，這是普羅旺斯燉菜的鹹派版。
關鍵是要讓蔬菜保持水分，快速炒熟即可。
在配料中加入番茄醬，使整個內餡呈現淡淡的粉紅色調。
這是夏日必吃的鹹派。

**材料**（直徑18×高4cm的蒙克模 manqué 1個）
酥脆塔皮麵團（P.12）…1個

[ 填餡 ]
櫛瓜…100g
紅椒…100g
洋蔥…¼個
橄欖油…1大匙
普羅旺斯香草粉*…⅓小匙
鹽、胡椒…各少許
番茄（5mm厚的圓片）…4片
起司（最好是磨碎的葛律瑞爾起司 Gruyère。
　　披薩用起司也可）…50g

* 普羅旺斯香草粉…「Herbes de Provence」，加入了
百里香、鼠尾草、迷迭香等綜合香草。

[ 奶蛋液（ 蛋液 ）]
雞蛋…2個
鹽…¼小匙
胡椒…少許
番茄糊（tomato paste）…1大匙
牛奶…100ml
鮮奶油（乳脂肪成分40%以上）…100ml

**空燒派皮**

❶ 請參照 P.14，將麵團舖入模型中，空燒。

**製作填餡**

❷ 櫛瓜和甜椒切成1.5cm的塊狀。洋蔥切碎。平底鍋中放入橄欖油加熱，放入洋蔥拌炒，待軟化後加入櫛瓜和甜椒拌炒，熟透後，用鹽、胡椒、普羅旺斯香草粉調味。

**製作奶蛋液**

❸ 在缽盆中攪散雞蛋，放入鹽、胡椒、番茄糊混拌。混拌至均勻後，加入牛奶、鮮奶油，充分混合拌勻。

**烘烤**

❹ 以160℃預熱烤箱。將②的填餡、起司混拌後舖入①完成空燒的派皮內，倒入③的奶蛋液，擺放上切成圓片的番茄，用160℃的烤箱烘烤40～50分鐘。

鮭魚綠花椰菜的鹹派　P.022

→ 菠菜鹹派 P.023

# 鮭魚綠花椰菜的鹹派 模型類

Tarte au saumon et brocolis

這款色彩繽紛的鹹派。從表面和切面可以看到鮭魚的橙色和花椰菜的綠色，非常美味。
兩者都是生的，只需要放在派皮上，
倒入混合的奶蛋液烤就可以了，非常方便。
把餡料切成稍微大一些的塊狀，口感更加豐富。

## 材料 （直徑18×高4cm的蒙克模 manqué 1個）

酥脆塔皮麵團（P.12）…1個

### [ 填餡 ]

薄鹽鮭魚…2小塊
綠花椰菜…4小株
洋蔥…¼個
沙拉油…1小匙
起司（最好是磨碎的葛律瑞爾起司 Gruyère。
　　披薩用起司也可）…50g

### [ 奶蛋液（蛋液）]

雞蛋…2個
鹽…¼小匙
胡椒…少許
牛奶…100ml
鮮奶油（乳脂肪成分40%以上）…100ml

## 空燒派皮

❶ 請參照 P.14，將麵團舖入模型中，空燒。

## 製作填餡

❷ 鮭魚去骨去皮，切成一口大小。綠花椰菜1
小株切成2～3等分。洋蔥切碎，以燒熱沙拉
油的平底鍋，避免呈色地拌炒約2分鐘。

## 製作奶蛋液

❸ 在缽盆中攪散雞蛋，放入鹽、胡椒，加入牛
奶、鮮奶油，充分混合拌勻。

## 烘烤

❹ 以160℃預熱烤箱。將②的填餡、起司混拌
後舖入①完成空燒的派皮內，倒入③的奶蛋
液，以160℃的烤箱烘烤40～50分鐘。

*Le vin suggéré*
**推薦的葡萄酒**
• 略微濃郁的白葡萄酒或氣泡酒
• 粉紅酒

# 菠菜鹹派 模型類

Tarte aux épinards

這款營養豐富的鹹派，不論吃到哪裡都可以感受到滿滿的菠菜。
即使是菠菜的苦澀味也被蛋液和鮮奶油中和得很溫和。
如果菠菜含水量太高的話，麵團有可能會破裂，
因此請在炒菠菜之前先把水份擠乾。

**材料**（直徑18×高4cm的蒙克模 manqué 1個）
酥脆塔皮麵團（P.12）…1個

[ 填餡 ]
菠菜…200g
洋蔥…¼個
奶油（含鹽）…10g
鹽、胡椒…各少許
起司（最好是磨碎的葛律瑞爾起司 Gruyère。
　披薩用起司也可）…50g

[ 奶蛋液（蛋液）]
雞蛋…2個
鹽…¼小匙
胡椒…少許
牛奶…100ml
鮮奶油（乳脂肪成分40%以上）…100ml

**空燒派皮**
❶ 請參照 P.14，將麵團舖入模型中，空燒。

**製作填餡**
❷ 菠菜快速汆燙後浸泡冷水，冷卻後擰乾水分切成小段。洋蔥切碎。在平底鍋中放入奶油以中火加熱，融化至起泡後放入洋蔥拌炒，待軟化後加入菠菜拌炒，以鹽、胡椒調味。

**製作奶蛋液**
❸ 在缽盆中攪散雞蛋，放入鹽、胡椒混拌，再加入牛奶、鮮奶油，充分混合拌勻。

**烘烤**
❹ 以160℃預熱烤箱。將②的填餡、起司混拌後舖入①完成空燒的派皮內，倒入③的奶蛋液，以160℃的烤箱烘烤40～50分鐘。

*Le vin suggéré*
**推薦的葡萄酒**
• 具酸味溫和的不甜白葡萄酒

# 擺放生火腿的
# 卡門貝爾起司塔 　模型類

Tarte au camembert et jambon cru

這款起司塔的配料都非常適合搭配葡萄酒，
包括卡門貝爾起司、生火腿。
為了突顯卡門貝爾起司的存在感，只需粗略地混合即可。
可依個人喜好地擺放生火腿和西洋菜享用。

**材料**（直徑 20 × 高 2.5cm 的塔模 1 個）
酥脆塔皮麵團（P.12）… 1 個

**[ 填餡 ]**
卡門貝爾起司 … 100g

**[ 奶蛋液 ( 蛋液 ) ]**
奶油起司（cream cheese）… 100g
鮮奶油（乳脂肪成分 40% 以上）… 100ml
雞蛋 … 1 個
鹽、胡椒 … 各適量

**[ 搭配食材 ]**
生火腿 … 適量
粗磨黑胡椒 … 適量

**預備**
• 奶油起司放置回復室溫軟化備用。

**空燒派皮**
❶ 請參照 P.14，將麵團擀成直徑 25～26 的大小，舖入塔模中，空燒。

**預備填餡**
❷ 卡門貝爾起司切成 1.5cm 塊狀。

**製作奶蛋液**
❸ 將變得柔軟的奶油起司放入缽盆中，用攪拌器攪打成滑順狀。加入鮮奶油、雞蛋再次混拌，用鹽、胡椒調味，加入②的卡門貝爾起司塊，大動作粗略混拌。

**烘烤**
❹ 以 170℃ 預熱烤箱。在①完成空燒的派皮內倒入③的奶蛋液，以 170℃ 的烤箱烘烤 30 分鐘。
❺ 冷卻後脫模，擺放生火腿，撒上粗磨黑胡椒。

*Le vin suggéré*
**推薦的葡萄酒**
• 略微濃郁的白葡萄酒
• 略有果實風味的紅酒

# 乾燥番茄和羅勒的起司塔 [模型類]

Tarte à la tomate séchée, fromage et basilic

添加砂糖製作的起司塔，
如果改以鹽和黑胡椒調味，
將成為非常適合搭配葡萄酒的佳餚。
以乾燥番茄濃郁的風味和羅勒的香氣烘托出起司的鮮味，後韻清新爽口。

**材料**（直徑 20 × 高 2.5cm 的塔模 1 個）
酥脆塔皮麵團（P.12）… 1 個

[填餡]
乾燥番茄… 25g
羅勒… 3 枝

[奶蛋液（蛋液）]
奶油起司（cream cheese）… 150g
鮮奶油（乳脂肪成分 40% 以上）… 100ml
雞蛋… 1 個
鹽、胡椒… 各適量

**預備**
• 奶油起司放置回復室溫軟化備用。

**空燒派皮**

❶ 請參照 P.14，將麵團擀成直徑 25 ～ 26 的大小，舖入塔模中，空燒。

**預備填餡**

❷ 乾燥番茄浸泡在熱水中約 5 分鐘，確實擰乾水分，切成粗粒。羅勒摘下葉片，大葉片撕開備用。

**製作奶蛋液**

❸ 將變得柔軟的奶油起司放入缽盆中，用攪拌器攪打成滑順狀。加入鮮奶油、雞蛋再次混拌，用鹽、胡椒調味，加入②的乾燥番茄和羅勒混拌。

**烘烤**

❹ 以 170℃ 預熱烤箱。在①完成空燒的派皮內倒入③的奶蛋液，以 170℃ 的烤箱烘烤 15 ～ 20 分鐘。

*Le vin suggéré*
**推薦的葡萄酒**
• 帶著清爽酸味，不甜的白葡萄酒或氣泡酒

# 乾燥無花果和核桃的
# 藍紋起司塔 模型類
Tarte au bleu et aux noix

鬆脆口感的派皮，搭配2種起司的組合，
這款起司塔讓人著迷。
乾燥無花果濃縮的甜味與核桃的口感別具特色，
呈現極致的美味。切成薄片享用更佳。

**材料** （直徑20×高2.5cm的塔模1個）
酥脆塔皮麵團（P.12）…1個

[ 填餡 ]
核桃…25g
乾燥無花果…30g
藍紋起司…50g

[ 奶蛋液( 蛋液 ) ]
奶油起司（cream cheese）…150g
鮮奶油（乳脂肪成分40％以上）…100ml
雞蛋…1個
鹽、胡椒…各適量

**預備**
• 奶油起司放置回復室溫軟化備用。

**空燒派皮**

❶ 請參照 P.14，將麵團擀成直徑25 ～ 26的
大小，舖入塔模中，空燒。

**預備填餡**

❷ 核桃、乾燥無花果切成粗粒。藍紋起司切
成1cm的塊狀。

**製作奶蛋液**

❸ 將變得柔軟的奶油起司放入缽盆中，用攪
拌器攪打成滑順狀。加入鮮奶油、雞蛋再次混
拌，用鹽、胡椒調味，加入②的核桃、乾燥無
花果混拌。

**烘烤**

❹ 以170℃預熱烤箱。在①完成空燒的派皮
內擺放②的藍紋起司塊，再倒入③的奶蛋液，
以170℃的烤箱烘烤30分鐘。

*Le vin suggéré*
**推薦的葡萄酒**
• 濃郁且滋味飽滿的白葡萄酒
• 味道扎實的紅酒

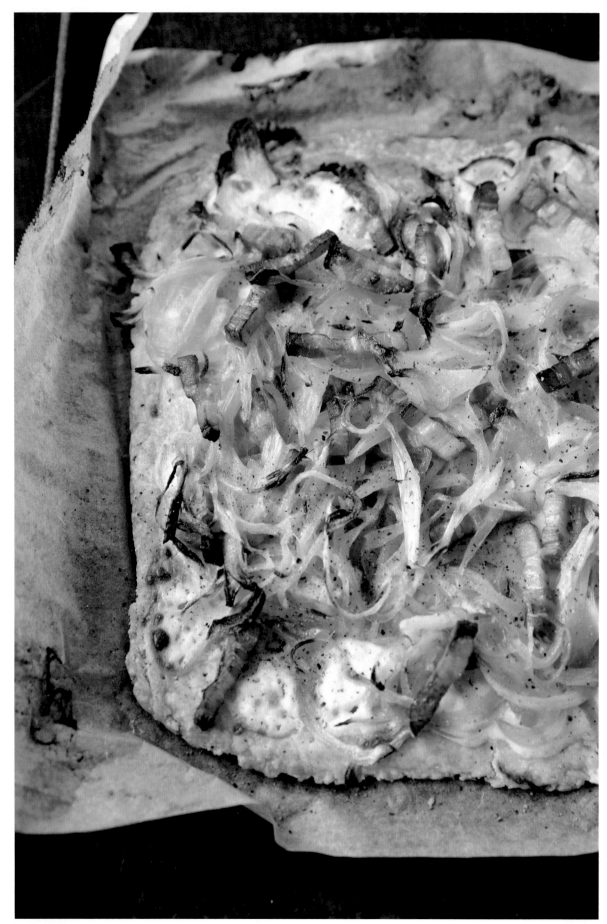

# 培根洋蔥的火焰薄餅 無模型類

Tarte flambée à l'oignon

有著美味香脆餅皮的火焰薄餅（Tarte flambée）
源自法國阿爾薩斯。洋蔥和培根是最經典的組合。
本來是在酵母麵團上塗抹鮮奶油（Crème fraîche）或白起司（fromage blanc），
以酥脆塔皮＋酸奶油，使得美味飛躍般升級。

## 材料 （20×25cm 的長方形1個）

酥脆塔皮麵團（P.12）… 1個

## [ 搭配食材 ]

洋蔥… 1個
培根（盡可能是塊狀）… 80g
沙拉油… 1小匙
鹽、胡椒… 各適量
酸奶油（sour cream）… 1小盒（90ml）

## 空燒派皮

❶ 請參照 P.15，烘烤麵團。

## 製作搭配食材

❷ 洋蔥切成薄片，培根切成長條狀。在平底鍋中倒入沙拉油加熱，拌炒洋蔥。待軟化並略微呈色後，加入培根，用鹽、胡椒調味，再拌炒2分鐘後，冷卻。

## 烘烤

❸ 待①降溫後，在表面薄薄地塗抹酸奶油（a），將②的搭配食材均勻鋪在表面，以180℃的烤箱烘烤25 ～ 30分鐘。

a

# 油漬沙丁魚的火焰薄餅 無模型類

Tarte aux sardines et oignons

外觀看起來是披薩，但酥脆的餅皮令人停不了口。
確實拌炒釋放出洋蔥的甜味，加上油漬沙丁魚的美味，
混合普羅旺斯香草和羅勒的香氣，
時尚又美味的佳餚。

**材料**（直徑20cm的長方形1個）
酥脆塔皮麵團（P.12）…1個

[ 搭配食材 ]
油漬沙丁魚…1罐（約120g）
洋蔥…1個
橄欖油…1小匙
鹽、胡椒…各適量
番茄醬汁*…2大匙
普羅旺斯香草粉*…少許
羅勒…2～3片

*番茄醬汁…水煮番茄2大匙（使用水分較少的部分），
加入1小匙橄欖油、少許的鹽混拌。或是也可以使用市
售品。

*普羅旺斯香草粉…「Herbes de Provence」，加入了
百里香、鼠尾草、迷迭香等綜合香草。

**預備**
• 以180℃預熱烤箱備用。

**擀壓麵團**
❶ 與 P.15的製作方法1、2相同，從保鮮膜外
用擀麵棍擀壓成直徑22cm的圓形。邊緣朝內
側折入，作成直徑20cm的圓形。

**空燒派皮**
❷ 將麵團連同烤盤紙一起放在烤盤上。撕去
保鮮膜，用叉子在麵團表面刺出數個小孔洞
（piquer），以180℃的烤箱烘烤25分鐘。

**製作搭配食材**
❸ 洋蔥切成薄片，用加熱了橄欖油的平底鍋
拌炒10分鐘，至略略呈色時，撒入鹽、胡椒。

**烘烤**
❹ 在②的空燒派皮上，鋪放③的洋蔥、塗抹
番茄醬汁，再擺放瀝去油脂的沙丁魚，撒上普
羅旺斯香草粉。以180℃的烤箱烘烤約5分
鐘，撒上撕成小片的羅勒葉。

*Le vin suggéré*
**推薦的葡萄酒**
• 不甜、酒體扎實的粉紅酒

# 黃芥末雞肉的火焰薄餅 無模型類

Tartelettes au poulet et champignons à la moutarde

小份量焦香脆皮的火焰薄餅也很適合單人享用。
將烤得金黃酥脆的雞肉放在上面，就成爲了一道輕鬆美味的主菜。
芥末籽醬和酸奶油的酸味，
與香硬爽脆的派皮十分速配，留下回味無窮的美味。

## 材料 （直徑10cm 4個）
酥脆塔皮麵團（P.12）… 1個

## [ 搭配食材 ]
雞腿肉（去皮）… 150g
蘑菇… 8顆
鹽、胡椒… 各適量
沙拉油… ½大匙
芥末籽醬… 1大匙
檸檬汁… 1小匙
酸奶油（sour cream）… 1小盒（90ml）

## 預備
• 以180℃預熱烤箱備用。

## 擀壓麵團
❶ 將酥脆塔皮麵團分成4等分，與 P.15的製作方法1、2相同，從保鮮膜外用擀麵棍擀壓成直徑10cm的圓形。

## 空燒派皮
❷ 將麵團連同烤盤紙一起放在烤盤上。撕去保鮮膜，用叉子在麵團表面刺出數個小孔洞（piquer），以180℃的烤箱烘烤20分鐘。

## 製作搭配食材
❸ 雞肉切成略小的塊狀，用鹽、胡椒略略揉搓入味，放入加熱了沙拉油的平底鍋，快速拌炒後取出。略降溫後加入芥末籽醬，與全體混拌沾裹。洋菇切成薄片，沾裹上檸檬汁避免變色。

## 烘烤
❹ 在②降溫後，在表面刷塗酸奶油，擺放蘑菇，略撒鹽、胡椒，鋪放雞肉。以180℃的烤箱烘烤10分鐘。

*Le vin suggéré*
**推薦的葡萄酒**
• 濃郁帶著清爽酸味，不甜的白葡萄酒或氣泡酒

# 香草沙拉的火焰薄餅 無模型類

Salade verte et parmesan sur tartine de pâte brisée

就像披薩一樣，自由發揮搭配食材！
若是擺放了口感爽脆的新鮮沙拉，
就能完成清爽的火焰薄餅。
直接品嚐派皮的美味，是最棒的特色。

### 材料 （5×25cm的長方形4個）
酥脆塔皮麵團（P.12）…1個

### [ 搭配食材 ]
嫩葉生菜…2小袋
香草（蒔蘿或平葉巴西利等喜好的香草）
　　…適量

A ┃ 鹽、胡椒…各適量
　┃ 紅酒醋…略少於1小匙
　┃ 橄欖油…½大匙

帕瑪森起司（刨成長條狀）、粉紅胡椒
　　…各適量

### 預備
• 以180℃預熱烤箱備用。

### 擀壓麵團
❶ 與 P.15的製作方法1、2相同，從保鮮膜外用擀麵棍擀壓成20×25cm的長方形，撕去保鮮膜，再切成4條寬5cm的麵團。

### 空燒派皮
❷ 將麵團連同烤盤紙一起放在烤盤上。用叉子在麵團表面刺出數個小孔洞（piquer），以180℃的烤箱烘烤25分鐘。

### 製作搭配食材
❸ 嫩葉生菜、香草用水洗淨使其清脆，確實拭去水分。享用前再拌入 A 混合好的醬汁。

### 完成
❹ 在②完成空燒的派皮上擺放③的搭配食材，撒上帕馬森起司、粉紅胡椒。

Le vin suggéré
**推薦的葡萄酒**
• 輕盈清爽的白葡萄酒或氣泡酒
• 不甜的粉紅酒

# 添加白花椰和蟹肉
# 配料分開的鹹派 無模型類
Tarte au crabe et chou fleur façon œuf cocotte

讓鹹派更簡單！的發想而誕生，配料分開的鹹派。
不僅不必將麵團入模，而且可以將派皮和餡料分開烤，
因此可以更輕易地個別調整它們的口感。
請使用您喜歡的配料嘗試看看。

**材料**（直徑9cm的烤皿4個）
酥脆塔皮麵團（P.12）⋯1個

[ 填餡 ]
白花椰菜⋯150g
蟹肉片⋯60g
奶油（含鹽）⋯5g
鹽、胡椒⋯各少許
起司（最好是磨碎的葛律瑞爾起司 Gruyère。
　披薩用起司也可）⋯50g

[ 奶蛋液（蛋液）]
雞蛋⋯2個
鹽⋯¼小匙
胡椒⋯少許
牛奶⋯100ml
鮮奶油（乳脂肪成分40%以上）⋯100ml

**預備**
• 以180℃預熱烤箱備用。

**擀壓麵團**
❶ 與 P.15的製作方法 1、2相同，從保鮮膜外
用擀麵棍擀壓成3mm厚的薄片。

**空燒派皮**
❷ 將麵團連同烤盤紙一起放在烤盤上。撕去
保鮮膜，用叉子在麵團表面刺出數個小孔洞
（piquer），以180℃的烤箱烘烤15～20分鐘。

**製作填餡**
❸ 白花椰菜分切成小株放入鍋中，加入奶
油、水50ml（用量外），加熱。待沸騰後蓋上
鍋蓋蒸煮約3分鐘，用鹽、胡椒調味。

**製作奶蛋液**
❹ 在缽盆中攪散雞蛋，放入鹽、胡椒混拌。加
入牛奶、鮮奶油，充分混合拌勻。

**烘烤烤皿**
❺ 以170℃預熱烤箱。在烤皿內放入③填餡
的白花椰菜、蟹肉、起司混拌。倒入④的奶蛋
液，用170℃的烤箱，烘烤約20分鐘。將烤好
的②分成方便享用的大小，依個人喜好撒上
粗磨黑胡椒。

*Le vin suggéré*
**推薦的葡萄酒**
• 濃郁且滋味飽滿的白葡萄酒或氣泡酒

# 「折疊派皮麵團 Pâte feuilletée」的 基本製作方法

輕盈鬆脆又有大量奶油的奢華麵團「折疊派皮麵團」。
原本折疊奶油的地方，以塗抹軟化奶油的方法，更簡單地完成。
⇒用於 P.42 ～ 59

## 材料 （1個）

低筋麵粉…280g
鹽…¼小匙
奶油（含鹽）…100g
冷水…120ml
折疊用奶油（含鹽）…100g

### 預備

・奶油100g切成1cm塊狀，置於冷藏室冷卻備用。
・折疊用奶油放置回復室溫，以手指按壓時會留下指頭痕跡的柔軟程度。

## 1

與 P.12 ～ 13相同地製作（步驟3將添加的牛奶用冷水替代），擀壓成長方形後，以保鮮膜包覆，置於冷藏室靜置30分鐘。將烤盤紙裁切成略長的長方形攤開，擺放麵團並覆蓋上保鮮膜。

## 2

在保鮮膜上以擀麵棍擀壓成20×50cm。

## 3

除去保鮮膜，在麵團 ⅔ 的面積，放上折疊用奶油。用手指少量逐次地捏取奶油，軟化塗抹般地放在表面即可。

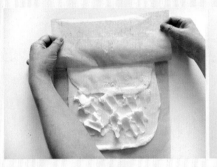

## 4

將沒有擺放奶油的⅓麵團，
向內側折疊。

## 5

另一側的麵團也向內側折
疊，形成三折疊。

## 6

避免奶油滲出地用烤盤紙
包覆，邊緣確實閉合。

## 7

將麵團方向轉動90度（折疊
處呈縱向），再次覆蓋保鮮
膜，用擀麵棍擀壓成20×
50cm。

## 8

再次進行三折疊。避免奶油
融化流出，因此先將麵團靜
置於冷藏室30分鐘。重覆2
次7、8的步驟，再次放回
冷藏室靜置30分鐘。再重
覆進行2次7、8的步驟（共
計進行6次三折疊）。

### [ 保存時 ]

形成15×20cm的長方形，
用烤盤紙包覆放入夾鏈袋
內，冷藏或冷凍。

保存時間：冷藏2天、冷凍1個月
解凍方法：移至冷藏室解凍，使
用時取出略放置於室溫下，就可
以變得容易延展了。

*Pâte feuilletée*

折疊派皮麵團

# 培根與奶油起司的派皮卷 無模型類

Bouchées au bacon et au fromage

折疊派皮麵團捲成圓筒狀後分切，
切面朝上，用手施力按壓後再烘烤的派皮卷。
散發著奶油香甜的派皮和奶油起司及培根的鹹香，
滋味美妙又小巧，可手拿的零食。

## 材料（8個）
折疊派皮麵團（P.40）…150g（¼分量）

## [填餡]
培根…15g
奶油起司（cream cheese）…25g
切碎的巴西利…½大匙
鹽、胡椒…各適量

## 預備
• 奶油起司放置回復室溫軟化備用。
• 以200℃預熱烤箱備用。

## 預備填餡
❶ 培根切碎。

## 整型
❷ 裁切出略大的烤盤紙並攤平，擺放折疊派皮麵團再覆蓋保鮮膜。由保鮮膜外用擀麵棍擀壓延展成20×20cm。

❸ 除去保鮮膜，空出②外側的⅙，其餘刷塗變軟的奶油起司，撒上培根碎和巴西利，還有鹽、胡椒（a）。

❹ 從身體方向朝外側捲起來（b），用刀子分切成8等分。

## 烘烤
❺ 在烤盤上舖放烤盤紙，將④的切面朝上擺放。用手指確實壓扁（c），以200℃的烤箱烘烤15～20分鐘。

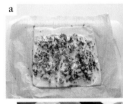

*Le vin suggéré*
## 推薦的葡萄酒
• 清爽風味的紅酒（冷卻）或氣泡酒
• 不甜的粉紅酒

# 杏仁起司條 　無模型類

Allumettes au fromage et amandes

輕盈口感的起司條，
配上脆脆的杏仁和起司的香氣，更顯風味獨特。
只要預先準備好折疊派皮麵團，簡單扭轉烘烤即可。
也能使用剩下的折疊派皮製作。

## 材料（10個）

折疊派皮麵團（P.40）…150g（¼分量）

[ 配料 ]

直接烘烤的杏仁果…50g
起司粉…1大匙

## 預備

• 以200℃預熱烤箱備用。

## 預備配料

❶ 杏仁果切碎。

## 延展麵團

❷ 裁切出略大的烤盤紙並攤平，擺放折疊派皮麵團覆蓋保鮮膜。由保鮮膜外用擀麵棍擀壓延展成20×20cm。

## 在麵團兩面沾裹配料

❸ 除去②保鮮膜，切成10等分，在全體表面撒上各半量的起司粉和杏仁碎。表面覆蓋烤盤紙，避免杏仁碎脫落地用手輕輕按壓。麵團的另一面也相同作業。

## 整型烘烤

❹ 在烤盤上舖放烤盤紙，將③扭轉後排放，以200℃的烤箱烘烤15分鐘。

→ 酥皮鮭魚菠菜　P.048

→ 酥皮肉派　P.049

# 酥皮鮭魚菠菜 無模型類

Tourte au saumon, épinard et œuf

酥皮包鮭魚和菠菜,是一道源自俄羅斯的法式料理。
加入煮熟的米是一種傳統的做法,
能吸收食材釋出的水分,
也爲了防止水分滲入酥皮。

**材料**（10×30cm長方形1個）
折疊派皮麵團（P.40）…250g
蛋液（呈現光澤用）…適量

[ 填餡 ]
米…40g
菠菜…60g
水煮蛋…2個
新鮮鮭魚…2片（200g）
奶油（含鹽）…5g
鹽、胡椒…各適量
低筋麵粉…½小匙

[ 醬汁 ]
奶油（含鹽）…30g
鮮奶油（乳脂肪成分40%以上）…2大匙
檸檬汁…2大匙
鹽、胡椒…各少許

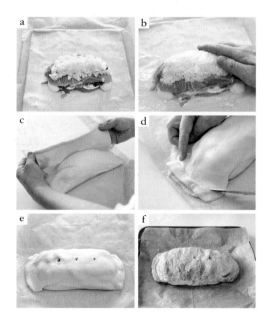

## 製作填餡

❶ 米用熱水煮約10分鐘,以網篩撈起瀝去熱水。菠菜快速汆燙後,過冷水冷卻,擰乾水分切成小段。用融化奶油的平底鍋迅速拌炒,分別以少許的鹽、胡椒調味,全體撒上薄薄的低筋麵粉沾裹。水煮蛋切成圓片,僅用含有蛋黃的部分。鮭魚去骨去皮,斜向片切,撒上少許的鹽、胡椒。

## 整型

❷ 裁切出略大的烤盤紙並攤平,擺放折疊派皮麵團覆蓋保鮮膜。由保鮮膜外,用擀麵棍擀壓延展成22×30cm。

❸ 將②的麵團擺放成縱向,除去保鮮膜,在中央將半量的鮭魚鋪成18×10cm。接著上方再依序層疊擺放水煮蛋片、菠菜、其餘的鮭魚,再疊放滿滿的米飯（a）如同一座小山。覆蓋保鮮膜,輕輕按壓全體（b）。除去保鮮膜,將內外側的折疊派皮麵團覆蓋折起（c）,確實按壓周圍固定。

❹ 將③上下翻面,使麵團的接合處朝下,兩端確實按壓貼合,切去多餘的部分（d）。可依個人喜好在表面以切下的麵團加以裝飾。

❺ 在麵團上方用筷子刺出3處排氣孔洞（e）,置於冷藏室靜置約30分鐘。

## 烘烤

❻ 以200℃預熱烤箱。將⑤連同烤盤紙擺放在烤盤上,表面用毛刷塗抹光澤用蛋液。以200℃的烤箱烘烤20分鐘,再降溫爲180℃烘烤20分鐘（f）。

## 製作醬汁,完成

❼ 在小鍋中放入奶油、鮮奶油以中火加熱,煮至沸騰後熄火,加入檸檬汁、鹽、胡椒調味。將⑥分切成適合的大小,盛盤,澆淋醬汁。

# 酥皮肉派 無模型類

Pâté en croute

這款肉派有著雞肝濃郁豐富的滋味、培根的美味、乾燥無花果的甜，和核桃的口感。
將這些用酥皮包裹並烘烤，
就是非常華麗的法式傳統料理。

## 材料 （10×30cm長方形1個）

折疊派皮麵團（P.40）…250g

蛋液（呈現光澤用）…適量

### [ 填餡 ]

雞肝…50g

乾燥無花果…50g

培根（盡可能是塊狀）…50g

核桃…30g

豬絞肉…400g

鹽…⅔小匙

胡椒…少許

雞蛋…½個

太白粉…1小匙

### [ 醬汁 ]

紅酒…4大匙

半釉汁（demi-glace）…1小袋（50g）

巴薩米可醋…1大匙

鹽、胡椒…各適量

## 製作填餡

❶ 雞肝切去黃色脂肪，分切成3～4等分，浸泡在水中約10分鐘以除去血塊及腥味，用廚房紙巾拭去水分，用刀子切碎。無花果、培根切成1.5cm的塊狀。核桃切成粗粒。

❷ 在缽盆中放入豬絞肉、鹽、胡椒充分混拌，加入①的雞肝，再繼續混拌。放進雞蛋、太白粉，全體充分攪拌揉和，加入無花果、培根、核桃，待全體混拌至均勻後，整合成18×10cm的長條狀。

## 整型

❸ 與P.48的「酥皮鮭魚菠菜」製作方法②相同，將麵團擀壓後放成縱向，中央擺放②的填餡（a），覆蓋上保鮮膜，輕輕按壓全體。除去保鮮膜，將內外側的折疊派皮麵團覆蓋折起，確實按壓周圍固定。

## 烘烤

❹ 與P.48的製作方法④～⑥相同，以200℃的烤箱烘烤20分鐘，再降溫為180℃烘烤30分鐘。

## 製作醬汁

❺ 在小鍋中放入紅酒以中火加熱，熬煮至半量後，加入半釉汁、巴薩米可醋，煮至沸騰後，熄火，用鹽、胡椒調味。

## 完成

❻ 將④分切成適合的大小，盛盤，澆淋⑤的醬汁。

a

# 奶油牡蠣酥餅 無模型類

Feuilletés d'huitres à la crème

膨潤蒸熟的牡蠣和乳霜般的醬汁。
再加上酥皮，入口時展現了各種層次的口感。
對半分切烤得膨鬆的酥皮，像碗和蓋子一樣，
夾著奶油燉煮，彷彿置身在餐廳中享用！

## 材料 （4個）
折疊派皮麵團（P.40）… 100g（⅙分量）

### [ 奶油燉煮 ]
牡蠣（熟食用）… 100g
菠菜… 50g
奶油（含鹽）… 10g
低筋麵粉… 10g
牛奶… 100ml
白葡萄酒… 50ml
鹽、胡椒… 各適量

## 預備
• 以200℃預熱烤箱備用。

## 延展麵團
❶ 裁切出略大的烤盤紙並攤平，擺放折疊派皮麵團覆蓋保鮮膜。由保鮮膜外，用擀麵棍擀壓延展成10×20cm，除去保鮮膜，分切成10×5cm。

## 空燒派皮
❷ 在烤盤上舖放烤盤紙，放置①，以200℃的烤箱烘烤20分鐘。

## 製作奶油燉煮
❸ 牡蠣用鹽水（分量外）輕輕晃動清洗，再以清水沖洗數次，以廚房紙巾拭去水分。菠菜快速汆燙後，過冷水冷卻，擰乾水分切成3～4cm長段。

❹ 在鍋中放入奶油加熱，待融化後加入菠菜拌炒。撒入低筋麵粉用小火拌炒約30秒，加入牛奶。沸騰後充分混拌全體使其產生濃稠。

❺ 在另外的鍋中放入牡蠣、白葡萄酒，蓋上鍋蓋用大火加熱，至沸騰後取出牡蠣。將牡蠣蒸煮出的汁加入④中，以鹽、胡椒確實調味，再放入牡蠣溫熱。

## 完成
❻ 將②的派餅厚度橫向剖開（a），將⑤盛放在作為底部容器的酥餅上，覆蓋上頂部酥餅。

a

# 千層派 　無模型類

Mille feuilles

口感酥脆、卡士達餡美味的千層派。
要烤出黃金焦香且鬆脆的成品，需要在烘烤過程中，先暫時取出，
將膨脹的氣體釋放，然後再度烘烤，最後篩上糖粉再烤。
完成時撒上海鹽，即可製成適合搭配葡萄酒的美食。

## 材料（4個）

折疊派皮麵團（P.40）…150g（¼分量）

[卡士達餡]⇒請注意與 P.122的配方不同

糖粉…30g
低筋麵粉…15g
香草夾…略少於1cm
牛奶…150ml
蛋黃…1又 ½個
櫻桃酒*（若有）…少許

*櫻桃酒…白蘭地的一種。櫻桃發酵後蒸餾而成

糖粉…適量
海鹽…少許

## 預備

• 以200℃預熱烤箱備用。

Le vin suggéré
推薦的葡萄酒
• 濃郁且滋味飽滿的白葡萄酒或氣泡酒

## 延展麵團

❶ 裁切出略大的烤盤紙並攤平，擺放折疊派皮麵團覆蓋保鮮膜。由保鮮膜外，用擀麵棍擀壓延展成24×18cm，除去保鮮膜，分切成12個6×6cm的正方形。

## 空燒派皮

❷ 在烤盤上舖放烤盤紙，放置①的麵團，用叉子刺出小孔洞（piquer、a），以200℃的烤箱烘烤5分鐘。

❸ 由烤箱中取出，用鍋鏟等壓平膨脹起來的麵團（b），再次以200℃的烤箱烘烤15分鐘，過程中若膨脹起來，再次用鍋鏟按壓。

❹ 由烤箱取出，用茶葉濾網篩上糖粉，充分地撒遍全體（c），再次放入200℃的烤箱中烘烤約5分鐘，至糖粉融化，取出冷卻（d）。篩上糖粉是為使表面呈現焦糖化。※若烤盤無法放入全部時，可每次烘烤6片。

## 製作卡士達餡（製作方法的照片請參照 P.122）

❺ 在耐熱缽盆中放入砂糖和低筋麵粉，用攪拌器攪拌至均勻。

❻ 剖開香草莢刮出香草籽，連同香草莢一起放入鍋中，加入牛奶用中火加熱，在沸騰前熄火。

❼ 將⑥全部一次加入⑤中，用攪拌器混拌約30秒。待產生濃稠，不覆蓋保鮮膜地以微波加熱1分30秒。取出後混拌全體，不覆蓋保鮮膜再次微波加熱1分30秒。取出後仔細混拌全體，加入蛋黃迅速混拌，不覆蓋保鮮膜再次微波加熱15秒，用橡皮刮刀混拌全體。

❽ 將⑦移至不鏽鋼缽盆中，邊墊放冰水邊混拌使其冷卻，依個人喜好混入櫻桃酒。

## 完成

❾ 將④的派皮降溫後，3片1組地包夾⑧的卡士達餡，再撒上海鹽。

→ 蘋果塔 P.056

→ 翻轉蘋果塔　P.057

# 蘋果塔 無模型類

Tarte aux pommes

「pomme」＝「蘋果」新鮮地切成薄片
「feuilletée」＝放在「折疊派皮麵團」上完成烘烤，
就是在法國最受歡迎的蘋果派。
紅玉的酸甜、搭配輕盈塔皮的組合，廣受喜愛。

**材料**（20×10cm長方形2個）
折疊派皮麵團（P.40）…150g（¼分量）

[搭配食材]
蘋果（紅玉）…4個
奶油（含鹽）…20g
細砂糖…2～3大匙

**預備**
• 以200℃預熱烤箱備用。

## 延展麵團

❶ 裁切出略大的烤盤紙並攤平，擺放折疊派皮麵團再覆蓋上保鮮膜。由保鮮膜外，用擀麵棍擀壓延展成20×20cm，除去保鮮膜，對半分切。

## 製作搭配食材

❷ 奶油隔水加熱或用微波爐加熱45秒左右，使其成為融化奶油。蘋果削皮對半分切，挖除芯橫向切成2mm寬的薄片。

## 烘烤

❸ 將烤盤紙舖在烤盤上，擺放①的麵團，將蘋果略略層疊地排放在麵團上（a）。蘋果表面仔細刷塗②的融化奶油，在全體撒上細砂糖，以200℃的烤箱烘烤20分鐘。

a

# 翻轉蘋果塔 　無模型類

Tarte tatin

本來是將焦糖化的蘋果放在派皮上完成烘烤，
但在此是將烤好的蘋果放在派餅上。
微苦的蘋果和最對味的肉桂，
再撒上肉荳蔻，就變成適合佐酒的美味。

## 材料 （直徑9cm的烤皿4個）

折疊派皮麵團（P.40）…100g（⅙分量）

### [ 焦糖化蘋果 ]

蘋果（紅玉）…4個

細砂糖…100g

奶油（含鹽）…50g

肉桂、肉荳蔻粉…各少許

## 預備

• 以180℃預熱烤箱備用。

a b c

## 製作焦糖化蘋果

❶ 蘋果切成4等分削皮去芯。在鍋中放入砂糖和奶油，用略小的中火加熱，避免焦化地邊混拌邊融化奶油。待成為濃焦糖色時（a）加入蘋果（小心留意噴濺），混拌全體，蓋上鍋蓋用小火加熱約5分鐘。揭開鍋蓋轉為中火，避免燒焦地邊晃動鍋子，邊熬煮至煮汁剩半量為止（b）。

❷ 在烤皿內各別放入4片①的蘋果，將蘋果外側朝向烤皿連同煮汁一起放入（c），覆蓋鋁箔紙，以180℃烤箱烘烤20分鐘。

## 延展麵團

❸ 以200℃預熱烤箱。裁切出略大的烤盤紙並攤平，擺放折疊派皮麵團，覆蓋上保鮮膜。由保鮮膜外用擀麵棍擀壓延展成20×20cm，除去保鮮膜，使用烤皿作為範本，或直接用手切成直徑10cm左右的圓形。

## 烘烤麵團

❹ 在烤盤上舖放烤盤紙，放置③的麵團，用叉子刺出小孔洞（piquer），以200℃的烤箱烘烤5分鐘。由烤箱中取出，用鍋鏟等壓平膨脹起來的派皮麵團，再次以200℃的烤箱烘烤15分鐘，過程中若膨脹起來，再次用鍋鏟按壓呈平坦狀，（P.53的照片 b）。

## 完成

❺ 待②降溫後，以湯匙確實地平整表面（蘋果冷卻凝固時，用微波略微溫熱即可），翻轉④，將烤好的蘋果擺放在派皮上。完成時撒上肉桂、肉荳蔻粉。

*Le vin suggéré*

**推薦的葡萄酒**

• 蘋果酒（cidre）

• 具有果味和辛辣感的紅酒

# 國王餅 無模型類

Galette des rois

在法國主顯節（基督教節日）1月6日享用的糕點。
日本習慣會填入杏仁奶油餡，偏向法國南方皮蒂維耶（Pithiviers）的
風格，除此之外，還有其他種類與類型。
麵團夾入奶油餡烘烤，再撒上糖粉後烘烤，讓糕點表面呈現金黃色。

## 材料 （直徑20cm 1個）

折疊派皮麵團（P.40）… 300g（½分量）

[ 杏仁奶油餡 crème d'amandes ]

奶油（無鹽）… 100g
砂糖… 100g
雞蛋… 2個
杏仁粉… 100g

刷塗蛋液（蛋液＋少量水混合）… 適量
糖粉… 適量

## 預備

• 雞蛋置於室溫約10分鐘。

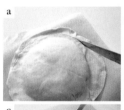

## 延展麵團

❶ 折疊派皮麵團分切成2：3的大小。裁切2
張略大的烤盤紙並攤平，各別擺放麵團並覆
蓋上保鮮膜。由保鮮膜外用擀麵棍擀壓，將小
麵團壓延展成直徑20cm（麵團 A），大麵團則
是直徑24cm（麵團 B）。

## 製作杏仁奶油餡（製作方法照片請參照 P.123）

❷ 在缽盆中放入奶油，用攪拌器混拌至呈滑
順狀，加入砂糖磨擦般地混拌。

❸ 攪散雞蛋，分2～3次加入②中，每次加入
都充分混拌勻勻。加入杏仁粉，用橡皮刮刀混
合拌勻。

❹ 將③整合成直徑17cm程度的半圓狀，用保
鮮膜包覆置於冷藏室冷卻凝固約30分鐘。

## 整型

❺ 將烤盤紙舖在烤盤上，擺放麵團 A。周圍
留下1.5cm，放入④的杏仁奶油餡，麵團邊緣
刷塗蛋液，覆蓋上麵團 B，確實按壓麵團邊緣
使其貼合，切去周圍整合成漂亮的圓形（a）。

❻ 用指尖和長筷按壓邊緣，作出縐摺花邊狀
（b）。在中央刺出排氣孔洞（防止麵團破裂）、
表面用刀尖由中心向外側劃出圓弧般地淺淺紋
路（c）。若可以請在冷藏室靜置30分鐘更好。

## 烘烤

❼ 以200℃預熱烤箱。將⑥放入烤箱中烘烤
約50分鐘，烘烤完成後用茶葉濾網在表面篩
上糖粉（d），再次烘烤約5分鐘，使糖粉融化
表面呈現光澤。

Le vin suggéré
推薦的葡萄酒
• 濃郁且滋味飽滿的白葡萄酒或氣泡酒

column 1

# 開胃酒的
# 鹹派和酥皮點心

在法國有一種習慣叫做「Apéritif
（通稱 l'Apéro）」，人們會一邊享
用輕食，一邊品嚐著美酒並聊
天。在這樣的場合，如果有手工
製作的鹹派，不是很棒嗎！若是女
生聚會，還可以享用香氣豐富的
蕈菇鹹派、以手拿取的蔬菜派皮
卷、使用大量蔬菜製作的沙拉，
更能讓聊天的氣氛隨之升高。

*Menu*

**· 蕈菇鹹派**
蕈菇像煎烤般拌炒至水分揮發，
讓美味更加濃縮凝聚就是重點。

**· 蔬菜派皮卷**
只要將折疊派皮麵團包捲蔬菜，
就是很簡單的零嘴。蔬菜的甜味
搭配酥酥脆脆的派皮十分美味！

**· 綠葉沙拉**
綠色的葉菜可依個人喜好選擇，
但若放入略有苦味的西洋菜，能
讓全體風味更明顯。

*Le vin suggéré*
**推薦的葡萄酒**
· 略濃郁的白葡萄酒或氣泡酒

## 蕈菇鹹派　[模型類]

Tarte aux champignons

**材料** （直徑18×高4cm的蒙克模 manqué 1個）
酥脆塔皮麵團（P.12）…1個

[ 填餡 ]
蕈菇（蘑菇、香菇、鴻喜菇等）…共300g
洋蔥切成粗粒…⅓個
沙拉油、鹽、胡椒…各適量
起司（最好是磨碎的葛律瑞爾起司 Gruyère。
　披薩用起司也可）…50g

[ 奶蛋液 ( 蛋液 ) ]
雞蛋…2個
鹽…¼小匙
胡椒…少許
牛奶…100ml
鮮奶油（乳脂肪成分40％以上）…100ml

**空燒派皮**

❶ 請參照 P.14，將麵團舖入模型中，空燒。

**製作填餡**

❷ 蕈菇類切去底部，切成一口大小。在倒入少許沙拉油加熱的平底鍋中，放入洋蔥拌炒，待軟化後取出。清潔平底鍋後倒入 ½大匙沙拉油加熱，放入蕈菇類拌炒至水分揮發變得硬脆為止，約拌炒8分鐘，用鹽、胡椒調味。

**製作奶蛋液**

❸ 在缽盆中攪散雞蛋，放入鹽、胡椒混拌，加入牛奶、鮮奶油，充分混合拌勻。

**烘烤**

❹ 用160℃預熱烤箱。將②和起司混拌後舖入①完成空燒的派皮內，倒入③，以160℃的烤箱烘烤40～50分鐘。

## 蔬菜派皮卷 模型類

*Roulés feuilletés aux légumes*

**材料（20個）**
折疊派皮麵團（P.40）…100g（⅙分量）
個人喜歡的蔬菜（南瓜、甜椒、蘆筍等）
　…共計約200g
沙拉油…1小匙
鹽、胡椒…各適量

**預備**
• 以200℃預熱烤箱備用。

**延展麵團**
❶ 裁切出略大的烤盤紙並攤平，擺放折疊派
皮麵團並覆蓋上保鮮膜，由保鮮膜外用擀麵
棍擀壓延展成20×12cm，除去保鮮膜，切成
1cm寬長條（可切20條）。

**整型**
❷ 蔬菜切成7cm長條狀，沾裹沙拉油，撒上
鹽、胡椒。
❸ 將①的麵團以螺旋狀地包捲②的蔬菜。

**烘烤**
❹ 在烤盤上舖放烤盤紙，排放③，以200℃的
烤箱烘烤10分鐘。

## 綠葉沙拉

*Salade verte à la vinaigrette*

**材料（2人份）**
沙拉生菜、綠捲萵苣（Green curly）、西洋菜
　…共約150g

**【沙拉醬汁】**
紅酒醋…½大匙
黃芥末醬…1小匙
鹽、胡椒…各適量
沙拉油…1大匙

**預備**
❶ 蔬菜泡水使其清脆，瀝去水分，撕成方便
食用的大小。

**調味拌勻**
❷ 在缽盆中放入紅酒醋、黃芥末醬、鹽、胡椒
充分混合拌勻，少量逐次加入沙拉油，混拌至
產生濃稠。加入①，粗略拌勻調味。

" 使用蛋黃製作，口感鬆脆 "
適合搭配葡萄酒，大人風格的甜塔

# 2
# Pâte sucrée

**甜酥麵團（甜塔麵團）**

Pâte sucrée的「sucrée」，是法語的「砂糖」、「甜」的意思。這是製作塔或其他甜點時使用的麵團，具有甜味。如果直接烤，它會變成口感輕盈、鬆脆的餅乾。

通常製作甜酥麵團會使用全蛋，但這樣的配方很容易讓塔皮變得過於堅硬，難以做到鬆脆口感。因此，我使用蛋黃製作麵團。這樣不僅可以讓塔皮鬆脆，而且更容易製作。此外，剩下的蛋白可以在製作煎蛋或歐姆蛋時使用，避免浪費。

由於甜酥麵團，本身就是甜的，通常用來製作甜點。但是，在本章節中介紹的是成熟大人風格的塔。即使使用水果或巧克力，我也加入了香料和香草，使其成為可以和葡萄酒一起享用的美味。我認為這樣做可以讓那些「想在家聚會時最後吃點甜的，但又想用葡萄酒收尾」、「不討厭甜食，但過於甜膩就不喜歡」的人，也可以享受到這些點心。

甜酥麵團奶油含量較多而柔軟，所以在夏天製作時或者操作不順暢而導致奶油融化時，可以先冷藏一下再製作，這樣麵團會更容易處理。

# Pâte sucrée
# 「甜酥麵團」的基本製作方法

鬆脆輕盈完成的秘訣，就是僅用蛋黃製作。
奶油和粉類迅速混拌，避免揉和就是重點。

## 材料 (1個)

奶油（無鹽）… 80g
砂糖 … 40g
蛋黃 … 1個
低筋麵粉 … 130g

預備
・奶油放置回復室溫備用。
・用手指按壓時，可以輕易壓入的程度。

## 使用模型

直徑 20×高度 2.5cm 的塔模

### 以食物料理機製作時

❶ 將奶油、砂糖放入食物料理機內攪打。
❷ 全體混拌後，加入蛋黃，再繼續攪打。
❸ 加入低筋麵粉後，再次攪打，待全體均勻，粉類完全消失後即 OK。

＊之後與右頁的製作方法5相同

## 1

在鉢盆中放入柔軟的奶油，用橡皮刮刀摩擦般混拌，加入砂糖再次摩擦般混拌。

## 2

加入蛋黃，用橡皮刮刀混拌至呈乳霜狀。

## 3

在表面撒上低筋麵粉，避免直接接觸奶油，邊用指尖混拌麵粉和奶油，避免過度揉和，會使口感變差，容易收縮緊實，因此要注意。

## 4

待粉類完全消失後，即完成混拌（在此時尚未完全整合成團也沒關係）。

## 5

保鮮膜裁切成略大的正方形攤開，擺放4的麵團，覆蓋上保鮮膜。從保鮮膜上略用力按壓（不要揉搓）使其黏合，整合成平坦狀。若之後整形為正方形，可以在這個時候就整合成正方形。

### [ 保存時 ]

用保鮮膜包覆麵團，放入夾鏈袋內，冷藏或冷凍保存。

保存時間：冷藏2天、冷凍1個月
解凍方法：移至冷藏室解凍，使用時取出略放置於室溫下，就可以變得容易延展了。

# 「模型類」的空燒方法

⇒用於 P.70 ～ 87、98

## 1

烤盤紙裁切出略大的正方形，擺放上 P.67的麵團，覆蓋上保鮮膜。

## 2

由保鮮膜外用擀麵棍將麵團擀成直徑25～26cm的圓形。

⇒由覆蓋的保鮮膜上方進行擀壓，擀麵棍不會沾黏麵團，也更容易延展。若麵團很黏時，可以撒上手粉或先暫時放回冷藏室，再進行擀壓即可。

## 3

將麵團翻面剝除烤盤紙，剝除烤盤紙的那一面朝下，與模型貼合。模型和麵團間不留縫隙地確實貼合！

⇒新模型時，先塗抹奶油薄薄撒上低筋麵粉後再使用。

## 4

保持覆蓋著保鮮膜，貼合在模型內的狀態下，靜置於冷藏室1小時以上。

## 5

以180℃預熱烤箱。在保鮮膜上滾動擀麵棍，切去多餘的麵團。

## 6

完成貼合作業。

## 7

以三層鋁箔紙鋪放在6上，擺放烤皿作為重石。

⇒有重石，就直接放置在鋁箔紙上。

## 8

用180℃的烤箱烘烤20分鐘。烤色過淡時，可以除去鋁箔紙再烘烤5～10分鐘。

# 「無模型類」的空燒方法

⇒用於 P.88 ～ 95

## 1

烤盤紙裁切出略大的正方形，擺放上 P.67 的麵團，覆蓋上保鮮膜。

## 2

由保鮮膜外用擀麵棍將麵團擀成 18×25cm 的長方形。

⇒由覆蓋的保鮮膜上方進行擀壓，擀麵棍不會沾黏麵團，也更容易延展。若麵團很黏時，可以撒上手粉或先暫時放回冷藏室，再進行擀壓即可。

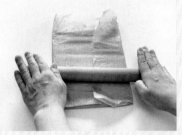

## 3

將烤盤紙的左右折入形成 18 ～ 19cm 的寬幅，避免麵團橫向延展，將麵團擀壓成漂亮的長方形。連同烤盤紙置於冷藏室靜置 1 小時以上。

## 4

以180℃預熱烤箱。從保鮮膜外先壓出線條，9×4cm 共 10 個，除去保鮮膜，以刀子照著線條分切。

## 5

在烤盤上舖放烤盤紙，擺放 4，以180℃的烤箱烘烤15分鐘。切下的部分也可以一起烘烤。

## 6

烘烤完成。

# 巴黎布丁塔 模型類

Flan parisien

在甜塔內倒入柔軟的卡士達餡烘烤而成的糕點。
質樸優雅的滋味，非常受法國人歡迎，甚至可以在麵包店購買。
享用時撒上肉桂粉，立即化身成適合葡萄酒的風味。

**材料**（直徑 20×高 2.5cm 的塔模 1 個）
甜酥麵團（P.66）…1 個

[ 奶蛋液 ]
砂糖…60g
低筋麵粉…25g
香草莢…1.5cm
牛奶…300ml
雞蛋…3 個

肉桂粉（若有）…適量

## 空燒塔皮
❶ 請參照 P.68，將麵團舖入模型中，空燒。

## 製作奶蛋液
❷ 在耐熱缽盆中放入糖和低筋麵粉，用攪拌器均勻攪拌至充分混合。
❸ 剖開香草莢刮出香草籽，連同香草莢一起放入鍋中，加入牛奶用中火加熱。在即將沸騰前熄火。
❹ 將③全部一次加入②，用攪拌器混拌約 30 秒。加入攪散的雞蛋，混拌至滑順為止。

## 烘烤
❺ 將④倒入①完成空燒的塔皮內（a），放入 180℃的烤箱烘烤約 20 分鐘。若奶蛋液較多時，不需勉強倒入塔內，可以另外倒入烤皿烘烤即可（b）。也可以在分切後撒上肉桂粉。

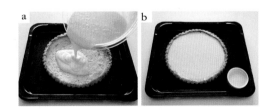

Le vin suggéré
**推薦的葡萄酒**
• 略微濃郁且有著溫和酸味的白葡萄酒或氣泡酒
• 輕盈的紅酒

# 櫻桃布丁塔
# 迷迭香風味 模型類

Tarte aux cerises et romarin

這是一道可愛的法式甜塔，以櫻桃爲主角。
使用無核罐裝櫻桃可以方便地享用，並且全年都可以品嚐。
以迷迭香的清新香氣作爲點綴，但迷迭香味道很強，所以要注意使用少量。
這道料理讓人想起櫻桃的美好風味，非常迷人。

**材料** （直徑20×高2.5cm的塔模1個）
甜酥麵團（P.66）…1個

[ 填餡 ]
黑櫻桃（罐頭）…1罐（約440g）
迷迭香（新鮮）…少許

[ 奶蛋液 ]
砂糖…35g
低筋麵粉…15g
牛奶…150ml
雞蛋…2個
鮮奶油（乳脂肪成分40%以上）…50ml

**空燒塔皮**
❶ 請參照P.68，將麵團舖入模型中，空燒。

**預備填餡**
❷ 櫻桃用網篩瀝去湯汁，擺放在廚房紙巾上，吸去多餘的水分。

**製作奶蛋液**
❸ 在耐熱缽盆中放入糖和低筋麵粉，用攪拌器均勻攪拌至充分混合。
❹ 將牛奶放入小鍋中，以中火加熱，在即將沸騰前熄火。
❺ 將④全部一次加入③中，用攪拌器混拌約30秒。加入攪散的雞蛋，混拌至滑順爲止，倒入鮮奶油再次混拌。

**烘烤**
❻ 以170℃預熱烤箱。
❼ 將⑤的奶蛋液半量倒入①完成空燒的塔皮內，擺放櫻桃，避免淹沒櫻桃（櫻桃頂端露出奶蛋液，烘烤起來比較漂亮）將⑤其餘的奶蛋液倒入（若奶蛋液較多時，可以另外倒入烤皿烘烤）。撒上迷迭香葉，以170℃的烤箱烘烤約20分鐘。

*Le vin suggéré*
**推薦的葡萄酒**
• 有果實風味輕盈的紅酒

# 鳳梨布丁塔
## 香菜風味 模型類

Tarte ananas au coriandre

奶蛋液內鑲嵌了鳳梨烘烤的甜塔。
鳳梨的甜味和酸味，搭配濃郁的塔皮超級絕配。
再加入甜且帶著辛香料香氣的香菜籽，
呈現異國風格。

**材料**（直徑20×高2.5cm的塔模1個）
甜酥麵團（P.66）…1個

[ 奶蛋液 ]
雞蛋…1個
蛋黃…1個
牛奶…50ml
鮮奶油（乳脂肪成分40%以上）…100ml
砂糖…30g

[ 填餡 ]
鳳梨（新鮮）…¼個
香菜籽（coriander seeds）…¼小匙

**空燒塔皮**

❶ 請參照 P.68，將麵團舖入模型中，空燒。

**製作奶蛋液**

❷ 在缽盆中放入所有材料，用攪拌器均勻攪拌至全體充分混合。

**預備填餡**

❸ 鳳梨削皮去芯，切成一口大小。

**烘烤**

❹ 以170℃預熱烤箱。
❺ 將③的鳳梨擺放入①完成空燒的塔皮內，倒入②的奶蛋液（若奶蛋液較多時，可以另外倒入烤皿烘烤）。撒上香菜籽，以170℃的烤箱烘烤約20分鐘。

*Le vin suggéré*
**推薦的葡萄酒**
• 略微濃郁且有著果香的白葡萄酒或氣泡酒

# 檸檬塔
## 搭配新鮮香草 模型類

Tarte au citron aux herbes fraiches

在完成空燒的甜塔中，
倒入具有強烈酸味及濃郁風味的檸檬酪，冷卻凝固。
享用時擺放香草沙拉，
不僅是視覺饗宴，也能讓風味更加清爽！

**材料** （直徑20×高2.5cm的塔模1個）

添加檸檬皮的甜酥麵團

奶油（無鹽）…80g

砂糖…40g

蛋黃…1個

低筋麵粉…130g

檸檬皮（磨碎）…½個

[ 檸檬酪 Lemon curd ]

雞蛋…3個

砂糖…100g

玉米粉…2小匙

檸檬汁…75ml

奶油（無鹽）…75g

新鮮香草（薄荷、香葉芹 Cerfeuil、
平葉巴西利、蒔蘿等）…適量

紅酒醋、橄欖油…各適量

**製作麵團、空燒**

❶ 與 P.67相同作法，在步驟3與低筋麵粉一同加入檸檬皮碎。

❷ 請參照 P.68，將麵團舖入模型中，空燒。

**製作檸檬酪**

❸ 在缽盆中放入蛋，加進砂糖，摩擦般混拌。放進玉米粉、檸檬汁、奶油。

❹ 在平底鍋中放入2cm高的水量，加熱，待沸騰後放上③的缽盆，以小火不斷地一邊用橡皮刮刀混拌，一邊隔水加熱（a）。待加熱至橡皮刮刀可以在盆底劃出線條的硬度（b）。平底鍋的底部較為安定，因此容易進行隔水加熱。

**完成**

❺ 趁④溫熱時倒入②完成空燒的塔餅內，置於冷藏室約2小時冷卻凝固。享用時可以擺放拌好紅酒醋、橄欖油的新鮮香草。

# 巧克力塔
# 粉紅胡椒風味　模型類

Tarte au chocolat et poivre rouge

濃郁的巧克力風味與苦味，
融合巧克力甜塔皮，展現出豐富的層次。
完成時撒上粉紅胡椒點綴，
清新的甜香和微微的辣味帶出成熟風味。

## 材料 （直徑20×高2.5cm的塔模1個）

添加可可粉的甜酥麵團

奶油（無鹽）…80g
砂糖…40g
蛋黃…1個
低筋麵粉…120g
可可粉…10g
粉紅胡椒碎…略少於1小匙

[ 巧克力蛋奶液 ]

覆淋巧克力（couverture甜或半甜）…150g
鮮奶油（乳脂肪成分40%以上）…200ml
雞蛋…2個
砂糖…20g
粉紅胡椒碎…適量

粉紅胡椒碎…適量

## 製作麵團、空燒

❶ 同時過篩低筋麵粉、可可粉。與P.67相同
作法，在步驟3時，可可粉、粉紅胡椒與低筋
麵粉一起加入。

❷ 請參照P.68，將麵團舖入模型中，空燒。

## 製作巧克力蛋奶液

❸ 巧克力切碎。在鍋中放入鮮奶油加熱，待
鍋邊開始噗滋噗滋作響時熄火，放入巧克力。
靜置1分鐘左右，均勻混拌全體。

❹ 在缽盆中放入雞蛋、砂糖和胡椒，用攪拌
器混拌，加入❸均勻混拌。

## 烘烤

❺ 將❹倒入❷完成空燒的塔餅內，以180℃
的烤箱烘烤12～15分鐘。

## 完成

❻ 待❺冷卻後脫模，表面撒上搗碎的粉紅
胡椒。

*Le vin suggéré*
**推薦的葡萄酒**
• 味道扎實且風味濃郁的紅酒
• 白蘭地或甜雪莉酒

# 無花果和山羊起司塔 模型類

Tarte au chèvre et figues fraiches

使用奶油起司和山羊起司，
入口即化的生起司塔。
擺放超強搭配的無花果，讓風味變得更豪奢。
無花果季時，請大家務必試試這一道。

## 材料 （直徑20×高2.5cm的塔模1個）
甜酥麵團（P.66）…1個

### [填餡]
山羊起司（chèvre）（尚未熟成的）…50g*

*即使是山羊起司，但像菲達起司（féta）就有相當的鹹度，不適合製作這款甜塔。

### [奶蛋液]
奶油起司（cream cheese）…150g
明膠…3g
水（明膠用）…1大匙
砂糖…50g
牛奶…50ml
檸檬汁…1小匙
鮮奶油（乳脂肪成分30%）…150ml

### [搭配食材]
無花果…3～4個
薄荷…適量
粗磨黑胡椒…適量

## 預備
• 奶油起司放置回復室溫軟化備用。

## 空燒塔皮
❶ 請參照 P.68，將麵團鋪入模型中，空燒。

## 預備填餡
❷ 山羊起司切成粗粒（難以切碎時，也可以攪散），置於冷藏室冷卻。

## 製作奶蛋液
❸ 明膠撒入配方用水中，還原備用。
❹ 在缽盆中放回軟的奶油起司，用橡皮刮刀混拌至滑順，加入砂糖如摩擦般地充分混拌。待均勻混拌後少量逐次地加入牛奶，再加進檸檬汁混拌。
❺ 在另外的缽盆中放入鮮奶油，墊放冰水攪打成五分發（與奶油起司相同的硬度）（a）。
❻ ③的明膠以隔水加熱溶化後加入④，用攪拌器迅速混拌至均勻。加入⑤的打發鮮奶油，用橡皮刮刀混拌至均勻。

## 完成
❼ 將山羊起司放至①完成空燒的塔餅內，倒入⑥，置於冷藏室約2小時冷卻凝固。無花果帶皮切成圓片狀排放（b），放上薄荷葉、撒上粗磨黑胡椒。

a    b

*Le vin suggéré*
### 推薦的葡萄酒
• 略微濃郁且有著溫和酸味的白葡萄酒或氣泡酒
• 粉紅酒

# 莓果塔 黑胡椒風味 模型類

Tarte aux fruits des bois

烤得噴香的甜塔上擺放卡士達餡，
並滿滿地裝飾上各種莓果類。莓果也可以選擇單一種類，
但同時擺放數種時，口中就會感受到各種不同的酸甜滋味。
完成時加上一些黑胡椒，可以縮短與紅酒之間的距離。

**材料**（直徑20×高2.5cm的塔模1個）

甜酥麵團（P.66）…1個

[ 卡士達餡 ]

砂糖…60g

低筋麵粉…30g

香草莢…1.5cm

牛奶…300ml

蛋黃…3個

櫻桃酒*（若有）…少許

*櫻桃酒…白蘭地的一種。櫻桃發酵後蒸餾而成

[ 搭配食材 ]

莓果（草莓、覆盆子、藍莓等）
　　…共500～600g

⇒莓果類有蒂頭者，先去除備用

粗磨黑胡椒…適量

**空燒塔皮**

❶ 請參照 P.68，將麵團舖入模型中，空燒。

**製作卡士達餡**（製作方法的照片請參照 **P.122**）

❷ 在耐熱缽盆中放入砂糖和低筋麵粉，用攪拌器攪拌至均勻。

❸ 剖開香草莢刮出香草籽，連同香草莢一起放入鍋中，加入牛奶用中火加熱。在沸騰之前熄火。

❹ 將③全部一次加入②，用攪拌器混拌約30秒。待產生濃稠，不覆蓋保鮮膜地以微波加熱2分鐘。取出後混拌全體，不覆蓋保鮮膜再次微波加熱1分鐘。取出後仔細混拌全體，加入蛋黃迅速混拌，不覆蓋保鮮膜再次微波加熱30秒，用橡皮刮刀混拌全體。

❺ 將④移至不鏽鋼缽盆中，下墊冰水混拌使其冷卻，依個人喜好混入櫻桃酒。

**完成**

❻ 將⑤的卡士達餡填至①完成空燒的塔皮內（a），鮮艷地排放莓果，完成時撒上粗磨黑胡椒。

a

# 果乾塔 模型類

Tarte aux fruits secs

將浸泡了蘭姆酒的乾燥水果、可口的杏仁奶油餡、
添加肉桂的甜塔皮完美結合，
呈現濃郁而豐富的風味。可搭配藍紋起司一同享用。
更能烘托葡萄酒的美妙滋味。

## 材料 （直徑20×高2.5cm的塔模1個）

添加肉桂的甜酥麵團

> 奶油（無鹽）… 80g
> 砂糖… 40g
> 蛋黃… 1個
> 低筋麵粉… 130g
> 肉桂粉… 少許

[ 填餡 ]

乾燥水果（無花果、洋李乾、葡萄乾、杏桃等）
　… 共計200g
蘭姆酒… 1大匙

[ 杏仁奶油餡 crème d'amandes ]

⇒請注意與 P.123的配方不同

奶油（無鹽）… 75g
砂糖… 75g
雞蛋… 1又 ½個
杏仁粉… 75g

## 預備

• 杏仁奶油餡的雞蛋置於室溫約10分鐘。

## 製作麵團、空燒

❶ 製作添加肉桂粉的甜酥麵團。與 P.67相同
作法，在步驟3肉桂粉與低筋麵粉一起加入。

❷ 請參照 P.68，將麵團舖入模型中，空燒。

## 製作填餡

❸ 乾燥水果切成方便食用的大小，浸泡在熱
水中5分鐘還原。用廚房紙巾確實拭乾水分，
沾裹上蘭姆酒。

## 製作杏仁奶油餡（製作方法照片請參照 P.123）

❹ 在鉢盆中放入奶油，用攪拌器混拌至呈滑
順狀，加入砂糖磨擦般地混拌。

❺ 攪散雞蛋，分2～3次加入④，每次加入都
充分混拌勻勻。加入杏仁粉，用橡皮刮刀混合
拌勻。

## 烘烤

❻ 將⑤的杏仁奶油餡填入②完成空燒的塔皮
內，將③埋入。以180℃的烤箱烘烤約30分鐘。

Le vin suggéré
**推薦的葡萄酒**
• 略微濃郁且酸味較少的白葡萄酒或紅酒
• 白蘭地或甜雪莉酒

# 洋梨塔 模型類

Tarte aux poires

在完成空燒的甜塔內填入杏仁奶油餡，
與洋梨一起烘烤，風味樸質的甜塔。
甜酥麵團中添加了肉桂，
加入了辛香料的甘甜，升級為成熟滋味。

### 材料 （直徑20×高2.5cm的塔模1個）

添加肉桂的甜酥麵團

> 奶油（無鹽）… 80g
> 砂糖… 40g
> 蛋黃… 1個
> 低筋麵粉… 130g
> 肉桂粉… 少許

### [ 杏仁奶油餡 ] ⇒請注意與 P.123的配方不同

奶油（無鹽）… 75g
砂糖… 75g
雞蛋… 1又 ½個
杏仁粉… 75g

### [ 填餡 ]

洋梨（硬的洋梨，或罐頭）… 小型2個

### 預備

• 杏仁奶油餡（crème d'amandes）的雞蛋置於
  室溫約10分鐘。

### 製作麵團、空燒

❶ 製作添加肉桂粉的甜酥麵團。與 P.67相同
作法，在步驟3肉桂粉與低筋麵粉一起加入。

❷ 請參照 P.68，將麵團舖入模型中，空燒。

### 製作杏仁奶油餡（製作方法照片請參照 P.123）

❸ 在缽盆中放入奶油，用攪拌器混拌至呈滑
順狀，加入砂糖磨擦般地混拌。

❹ 攪散雞蛋，分2～3次加入③中，每次加入
都充分混拌勻勻。加入杏仁粉，用橡皮刮刀混
合拌勻。

### 製作填餡

❺ 洋梨去皮切成月牙狀，再分切成2～3等分。

### 烘烤

❻ 將④的杏仁奶油餡填入②完成空燒的塔皮
內（a），將⑤的洋梨稍稍露出地埋入。以
180℃的烤箱烘烤約30分鐘。

a

# 藍紋起司和乾燥水果的砂布列酥餅 無模型類

Mendiants ou sablé au fromage et aux fruits secs

從非常喜歡的葡萄乾夾心餅發想而來。
好吃的要訣，就是確實地將酥餅烤得香酥。
具特色的藍紋起司和奶油，再搭配甘甜的乾燥水果、堅果，
一吃就停不了手。

**材料**（10×5cm的長方形10個）
添加杏仁粉的甜酥麵團
| 奶油（無鹽）…80g
| 砂糖…40g
| 蛋黃…1個
| 低筋麵粉…90g
| 杏仁粉…40g

[ 搭配食材 ]
奶油（含鹽）…20g
藍紋起司…30g
乾燥無花果、乾燥杏桃、葡萄乾、直接烘烤的
　杏仁果、核桃等…各適量

**預備**
• 奶油放至回復室溫。

**製作麵團、空燒**
❶ 製作添加杏仁粉的甜酥麵團。與 P.67 相同作法，在步驟3杏仁粉與低筋麵粉一起加入。
❷ 請參照 P.69，將麵團完成，空燒。

**製作搭配食材**
❸ 混拌軟化的奶油和藍紋起司。乾燥水果類、杏仁果、核桃等，切成方便食用的大小。

**完成**
❹ 待②的塔皮冷卻後，表面塗抹混合的奶油和藍紋起司，擺放乾燥水果、杏仁果和核桃。

**Le vin suggéré**
**推薦的葡萄酒**
• 豐郁的甜味白葡萄酒或氣泡酒
• 濃郁的紅酒

→ **起司砂布列酥餅** P.092

→ **香草 & 辛香料砂布列酥餅** P.093

# 起司砂布列酥餅 無模型類

Sablés au fromage

直接烘烤甜酥麵團，
就是口感酥鬆的砂布列酥餅。
只需減少低筋麵粉的量，用起司粉取代。
烘烤時就能聞到由廚房飄散出的濃郁起司香氣。

## 材料 （20條）

添加起司粉的甜酥麵團

奶油（無鹽）… 80g
砂糖… 20g
蛋黃… 1個
低筋麵粉… 100g
起司粉… 30g

### 製作麵團、整型

❶ 製作添加起司粉的甜酥麵團。與 P.67 相同
作法，在步驟 3 起司粉與低筋麵粉一起加入。

❷ 請參照 P.69，將麵團延展成 15×20cm，分
切成 1.5×10cm，共計 20 條。

### 烘烤

❸ 在烤盤上舖放烤盤紙，擺放②，以 180℃的
烤箱烘烤 15 分鐘。

*Le vin suggéré*
推薦的葡萄酒

• 萬用百搭
　不甜、甜的白、紅葡萄酒、粉紅酒、氣
　泡酒、雪莉酒

# 香草 & 辛香料砂布列酥餅 **無模型類**

Sablés aux herbes et aux épices

用香草和辛香料製作的砂布列酥餅，就是最適合佐酒的完美小點心。

相對於基本的甜酥麵團，

將砂糖量減半就是重點。

可以嘗試各種香草或辛香料，探索自己的喜好也是一種樂趣。

## 材料（30片）

減糖的甜酥麵團

奶油（無鹽）… 80g

砂糖… 20g

蛋黃… 1個

低筋麵粉… 130g

A 普羅旺斯香草粉*… 適量

B 辛香料（粗磨黑胡椒、肉桂、肉荳蔻粉）

*普羅旺斯香草粉…「Herbes de Provence」，加入了百里香、鼠尾草、迷迭香等綜合香草。

## 製作麵團、整型

❶ 製作減糖的甜酥麵團。與 P.67 相同作法，但砂糖減至半量。

❷ 將①的麵團分成二份，一半放 A，另一半放 B，各別混合均勻。

❸ 請參照 P.69，將麵團延展成 3mm 的厚度，再分切成一口大小的三角形。

## 烘烤

❹ 在烤盤上舖放烤盤紙，排放③，以 180℃ 的烤箱烘烤 15 分鐘。

[ 適合搭配砂布列酥餅的香草 & 辛香料 ]

香草…蒔蘿、百里香、薄荷

辛香料…肉桂、小茴香、肉荳蔻、香菜籽、黑胡椒

*Le vin suggéré*

**推薦的葡萄酒**

• 萬用百搭

不甜、甜的白、紅葡萄酒、粉紅酒、氣泡酒、雪莉酒

# 蒙布朗
## 生火腿 & 黑胡椒風味　無模型類

Mont blanc au jambon cru

大家所熟知的栗子蒙布朗。
發源自法國著名的咖啡廳。
通常是用鮮奶油、栗子、奶油混合擠出來，
但我們在鮮奶油中加入切碎的生火腿和核桃，味道不過甜，口感更豐富。

### 材料（4個）

甜酥麵團（P.66）…¼用量

[ 栗子奶油餡 ]

栗子…8～10個（實際重量150g）
奶油（無鹽）…50g
鮮奶油（乳脂肪成分40%以上）…50ml
砂糖…50g

[ 打發鮮奶油 ]

鮮奶油（乳脂肪成分40%以上）…100ml
生火腿…1～2片
直接烘烤的核桃…2個
粗磨黑胡椒…適量

### 預備

• 奶油回復室溫。
• 以180℃預熱烤箱備用。

### 製作麵團、空燒

❶ 與 P.69的製作方法1、2相同，從保鮮膜外用擀麵棍擀壓成10×10cm大小，切成正方形。
❷ 在烤盤上舖放烤盤紙，擺放①，用180℃的烤箱烘烤15分鐘。

### 製作栗子奶油餡

❸ 栗子帶殼直接水煮約30分鐘，對剖用湯匙挖出栗肉，用叉子細細搗碎。與放置軟化的奶油、鮮奶油以及砂糖混合拌勻。

### 製作打發鮮奶油

❹ 在缽盆中放入鮮奶油，下墊冰水打發至尖角直立的狀態，與切碎的生火腿、核桃、粗磨黑胡椒混拌。

### 完成

❺ 將③和④大動作粗略混拌，不需拌勻的程度，在②的酥餅上用湯匙堆成隆起狀（a），用叉子整型成四角錐形，並劃出線條（b）。

a 　b

*Le vin suggéré*
**推薦的葡萄酒**
• 略微濃郁的白葡萄酒或氣泡酒
• 不甜的粉紅酒

## column 2

# 餐後的甜塔及
# 葡萄酒

越來越多人喜歡將甜點和葡萄酒
搭配享用，即使想吃甜點，也希
望以葡萄酒作爲餐後的結尾！在
此介紹的甜點，充滿乾果的濃郁
甜塔，以及沾裹巧克力的乾燥水
果。搭配的酒，是將紅酒略作變
化，大家覺得如何呢？

###  Menu

**・堅果塔**

填滿了乾燥水果和堅果！與杏仁奶油餡
的加乘效果，極度美味。

**・巧克力果乾**

能實際感受到水果和巧克力極佳的風
味。乾燥水果請選用個人喜好的種類。

**・桑格利亞**

以個人喜好的水果來製作，讓人不知不
覺多喝了一點。

*Le vin suggéré*
**推薦的葡萄酒**

- 豐郁的甜味白葡萄酒
- 有果實風味的紅酒
- 白蘭地或甜雪莉酒

# 堅果塔　模型款

Tarte aux noix, pignon et amandes

**材料**（直徑20×高2.5cm的塔模1個）

甜酥麵團（P.66）…1個

[ 杏仁奶油餡 crème d'amandes ]

⇒請注意與P.123的配方不同

奶油（無鹽）…75g

砂糖…75g

雞蛋…1又½個

杏仁粉…75g

堅果（核桃、腰果、杏仁果、松子等）…150g

**預備**

• 雞蛋置於室溫約10分鐘。

**空燒塔皮**

❶ 請參照P.68，將麵團舖入模型中，空燒。

**製作杏仁奶油餡**

❷ 請參照P.123，製作杏仁奶油餡。

**烘烤**

❸ 以180℃預熱烤箱。將②的杏仁奶油餡填入②完成空燒的塔皮內，將堅果稍稍露出地埋入。以180℃的烤箱烘烤約30分鐘。

# 巧克力果乾

Variation d'orangette / fruits secs en orangette

### 材料 （方便製作的份量）
覆淋巧克力（couverture甜或半甜）… 50g
乾燥水果（杏桃、無花果、洋李乾、柳橙等）
　… 70 ～ 100g

### 預備
• 在方型淺盤上舖放烤盤紙。

### 融化巧克力
❶ 巧克力切碎，放入缽盆中。在平底鍋中放入2cm高的水，加熱，待沸騰後熄火，放入缽盆，用橡皮刮刀混拌進行隔水加熱使其融化。

### 完成
❷ 乾燥果乾沾裹①的巧克力，輕輕甩落多餘的巧克力，放在烤盤紙上，放至凝固。

# 桑格利亞

Sangria

### 材料 （方便製作的份量）
柳橙… 1 個
檸檬… ½ 個
紅酒… 1 瓶
砂糖… 4 大匙
肉桂棒… 適量

### 預備材料
❶ 柳橙、檸檬切成圓片。

### 完成
❷ 將紅酒、砂糖、肉桂放入容器中，充分混拌使砂糖溶化。加入①，放置浸泡半天以上。

"多種食材營造出豐盛的滋味!"
彷彿享用大阪什錦燒的感覺

# 3
# Cake salé

**鹹蛋糕（鹹味的麵糊）**

Cake salé的「salé」，在法語中是「鹽」的意思。不甜的鹹蛋糕，不就是法國最簡單輕鬆就能製作的麵糊嗎？即使是日本，現在也是大家熟悉的蛋糕了。實際上鹹蛋糕的歷史並不太久，在法國變得如此受歡迎，我想也是近10年左右吧。因爲製作簡單，因此快速地成爲家庭料理的代表。

鹹蛋糕的材料相當自由。只要是不含太多水分的蔬菜，什麼都能用。這樣一來，不就像是日本的什錦燒嗎!?請依據當天的心情，開心地添加喜歡的食材享用。沒有特別困難的步驟，硬要說其中的訣竅，大概就是「不要過度攪拌」吧。一旦攪拌太過，會使麵糊產生黏性，烘烤完的成品會變得很硬。

本書鹹蛋糕的特徵，就是添加滿滿的食材！滋味豐富，與葡萄酒特別搭。並且不使用奶油改用沙拉油，所以口感較爲輕盈。剛完成烘烤熱騰騰地享用時，會用烤皿來製作，除此之外，請完成烘烤後稍加放置，待降溫後再分切。

# Cake salé
# 「鹹蛋糕」的基本製作方法

使用沙拉油取代奶油，口感輕盈的鹹蛋糕。
只要加入材料混拌即可！要注意避免過度攪拌。
⇒在此製作 P.104「煙燻鮭魚和蒔蘿的鹹蛋糕」

## 材料（磅蛋糕模型1個）

低筋麵粉…150g

泡打粉…1小匙

雞蛋…2個

沙拉油、牛奶…各60ml

起司粉…40g

鹽…½小匙

胡椒…適量

[內餡]

煙燻鮭魚…100g

蒔蘿…3枝

檸檬圓片…6片

奶油起司（cream cheese）…100g

預備

· 混合低筋麵粉和泡打粉過篩。

· 在模型中舖入烤盤紙。

· 以180℃預熱烤箱備用。

## 使用模型

8×17×7cm的磅蛋糕模

直徑9cm的烤皿

## 1

雞蛋打入缽盆中，用攪拌器攪散。

## 2

加入沙拉油、牛奶、起司粉、鹽、胡椒混合拌勻。

## 3

放入內餡的材料（鮭魚、蒔蘿、檸檬果肉），以橡皮刮刀混合拌勻。

## 4

加入混合過篩的粉類，由下朝上舀起般混合全體。一旦過度攪拌會變硬，因此重點就是避免過度攪拌地，大動作混拌至粉類消失為止。

## 5

容易攪散的內餡材料（奶油起司）在粉類混拌後再加入，輕輕混合拌勻。

## 6

將5的麵糊舀入模型中，連同模型從略高處向下摔落數次，使麵糊能均勻至每個角落，平整表面。

## 7

以180℃的烤箱烘烤約30～40分鐘。

## 8

用竹籤刺入，拔出時若沒有沾黏麵團即完成烘烤。

## [ 保存時 ]

用保鮮膜包覆全體，放入夾鏈袋內，冷藏或冷凍保存。

保存時間：冷藏2天、冷凍1個月
解凍方法：移至冷藏室解凍後，用烤麵包的小烤箱烘烤就很美味。以微波爐略溫熱也可以（1片約30秒）。

# 煙燻鮭魚和蒔蘿的
# 鹹蛋糕

Cake au saumon fumé et à l'aneth

添加了煙燻鮭魚和極為對味，具清爽香氣的蒔蘿。
蒔蘿這麼多!?滿滿地拌入就是關鍵。
奶油起司容易崩碎，因此在粉類拌勻後添加，再粗略混合即可。

**材料**（8×17×7cm的磅蛋糕模1個）
[ 麵糊 ]
低筋麵粉…150g
泡打粉…1小匙
雞蛋…2個
沙拉油、牛奶…各60ml
起司粉…40g
鹽…½小匙
胡椒…適量

[ 內餡 ]
煙燻鮭魚…100g
蒔蘿…3枝
檸檬圓片…6片
奶油起司（cream cheese）…100g

**預備**
• 混合低筋麵粉和泡打粉過篩。
• 在模型中舖入烤盤紙。
• 以180℃預熱烤箱備用。

**預備內餡**
❶ 煙燻鮭魚切成小塊、摘下蒔蘿葉片。檸檬除去檸檬皮及白色薄膜，切碎。奶油起司切成塊狀，置於冷藏室冷卻。

**製作麵糊**
❷ 雞蛋打入缽盆中攪散，加入沙拉油、牛奶、起司粉、鹽、胡椒，用攪拌器混拌至均勻融合。
❸ 在②中放入①除了奶油起司之外的材料，用橡皮刮刀混合拌勻。加入混合並完成過篩的粉類，由下朝上舀起般混合全體。不要過度攪拌就是重點。待粉類消失後，加入奶油起司，輕輕混合拌勻。

**烘烤**
❹ 將麵糊舀入模型中，連同模型從略高處朝桌面摔落數次，平整表面，以180℃的烤箱烘烤約30～40分鐘。用竹籤刺入，拔出時若沒有沾黏麵糊即完成烘烤。

*Le vin suggéré*
**推薦的葡萄酒**
• 清爽的白葡萄酒或氣泡酒
• 不甜的粉紅酒

# 乾燥番茄和橄欖的
# 鹹蛋糕

Cake aux olives et tomates sèches

這款鹹鹹蛋糕充滿了番茄濃郁的風味和橄欖的酸味,是南法風格美食。
在麵糊中添加了番茄醬,味道更清新爽口。
使用綠色和黑色的橄欖使口感更豐富,顏色也更豔麗。

**材料** (8×17×7cm的磅蛋糕模1個)

[ 麵糊 ]

低筋麵粉…150g

泡打粉…1小匙

雞蛋…2個

番茄糊…1大匙

沙拉油、牛奶…各60ml

起司粉…40g

鹽…½小匙

胡椒…適量

[ 內餡 ]

乾燥番茄…25～30g

加工起司 (Processed Cheese)…50g

橄欖 (黑、綠。去核)…100g

**預備**

• 混合低筋麵粉和泡打粉過篩。

• 在模型中舖入烤盤紙。

• 以180℃預熱烤箱備用。

**預備內餡**

❶ 乾燥番茄浸泡熱水約5分鐘還原,切成粗粒。加工起司切成1cm的塊狀。

**製作麵糊**

❷ 雞蛋打入缽盆中攪散,加入番茄糊用攪拌器混拌。放入沙拉油、牛奶、起司粉、鹽、胡椒,混拌至均勻融合。

❸ 在②中放入①、橄欖,用橡皮刮刀混拌。加入完成過篩的粉類,由下朝上舀起般混合全體至粉類完全消失為止,不要過度攪拌就是重點。

**烘烤**

❹ 將麵糊舀入模型中,連同模型從略高處朝桌面摔落數次,平整表面,以180℃的烤箱烘烤約30～40分鐘。用竹籤刺入,拔出若沒有沾黏麵糊即完成烘烤。

*Le vin suggéré*
**推薦的葡萄酒**

• 氣泡酒
• 味道優雅的粉紅酒
• 也適合冷卻過酒體輕盈的紅酒

# 紅蘿蔔、綠花椰和
# 豆類的鹹蛋糕

Cake aux légumes de printemps

內餡包括紅蘿蔔、綠花椰、綜合豆類。
可用家中常備食材製作，是鹹蛋糕最棒的特色。
添加了小茴香籽和咖哩粉的辛辣麵糊更能激發食慾。
由於添加了大量蔬菜，因此口感也非常濕潤。

**材料** （8×17×7cm的磅蛋糕模1個）

[ 麵糊 ]

低筋麵粉…150g
泡打粉…1小匙
雞蛋…2個
沙拉油、牛奶…各60ml
起司粉…40g
鹽…½小匙
胡椒…適量
小茴香籽…½小匙
咖哩粉…1小匙

[ 內餡 ]

紅蘿蔔…100g
綠花椰…80g
綜合豆類（罐頭）…80g

**預備**

• 混合低筋麵粉和泡打粉過篩。
• 在模型中舖入烤盤紙。
• 以180℃預熱烤箱備用。

**預備內餡**

❶ 紅蘿蔔用刨刀刨成細絲。綠花椰分成小株，每株切成4等分。綜合豆粒罐頭瀝乾水分。

**製作麵糊**

❷ 雞蛋打入缽盆中攪散，放入沙拉油、牛奶、起司粉、鹽、胡椒、小茴香籽、咖哩粉，用攪拌器混拌至均勻融合。

❸ 在②中放入①，用橡皮刮刀混拌。加入完成過篩的粉類，由下朝上舀起般混合全體至粉類完全失為止，不要過度攪拌就是重點。

**烘烤**

❹ 將麵糊舀入模型中，連同模型從略高處朝桌面摔落數次，平整表面，以180℃的烤箱烘烤約30～40分鐘。用竹籤刺入，拔出若沒有沾黏麵糊即完成烘烤。

*Le vin suggéré*
**推薦的葡萄酒**
• 輕盈清爽的白葡萄酒或氣泡酒
• 不甜的粉紅酒

# 火腿和巴西利的鹹蛋糕

Cake au jambon et persil

在法文中「Jambon」指的是火腿、「Persillé」則是巴西利。
這2種食材製作出果凍般的肉凍 gelée，就是勃艮第的傳統料理。
與鹹蛋糕是毫無疑問的完美搭配。
火腿用手粗略撕開，均勻地混合。

**材料** （8×17×7cm的磅蛋糕模1個）

[ 麵糊 ]

低筋麵粉…150g

泡打粉…1小匙

雞蛋…2個

沙拉油、牛奶…各60ml

起司粉…40g

鹽…½小匙

胡椒…適量

[ 內餡 ]

火腿…250g

巴西利切碎…5大匙

**預備**

• 混合低筋麵粉和泡打粉過篩。

• 在模型中舖入烤盤紙。

• 以180℃預熱烤箱備用。

**預備內餡**

❶ 火腿用手粗略撕開。

**製作麵糊**

❷ 雞蛋打入缽盆中攪散，放入沙拉油、牛奶、起司粉、鹽、胡椒，用攪拌器混拌至均勻融合。

❸ 加入巴西利碎、①的火腿，用橡皮刮刀混拌。加入完成過篩的粉類，由下朝上舀起般混合全體至粉類消失為止。不要過度攪拌就是重點。

**烘烤**

❹ 將麵糊舀入模型中，連同模型從略高處朝桌面摔落數次，平整表面，以180℃的烤箱烘烤約30～40分鐘。用竹籤刺入，拔出若沒有沾黏麵糊即完成烘烤。

*Le vin suggéré*
**推薦的葡萄酒**

• 清爽的白葡萄酒或氣泡酒
• 不甜的粉紅酒
• 也適合冷卻過酒體輕盈的紅酒

# 蕈菇的鹹蛋糕

Cake aux champignons

飄散蕈菇香氣的鹹蛋糕，是偏向大人的風味。
重點是添加數種蕈菇，呈現出多變化的風味和口感。
確實拌炒蕈菇至水分消失，提引出香氣及美味。
品嚐時搭配酸奶油，凸顯雙重美味。

**材料** （8×17×7cm的磅蛋糕模1個）

[ 麵糊 ]

低筋麵粉…150g

泡打粉…1小匙

雞蛋…2個

沙拉油、牛奶… 各60ml

起司粉…40g

鹽…½小匙

胡椒…適量

[ 內餡 ]

蘑菇、鴻喜菇、香菇… 共計300g

奶油（含鹽）…7g

鹽、胡椒… 各適量

酸奶油（sour cream可省略）… 適量

**預備**

• 混合低筋麵粉和泡打粉過篩。

• 在模型中舖入烤盤紙。

• 以180℃預熱烤箱備用。

**預備內餡**

❶ 蕈菇類切去底部，蘑菇對半分切、鴻喜菇粗略分散、香菇切成4等分。平底鍋中放入奶油以中火加熱，待奶油融化後放入蕈菇類，拌少至水分消失，以鹽、胡椒調味，冷卻。

**製作麵糊**

❷ 雞蛋打入鉢盆中攪散，放入沙拉油、牛奶、起司粉、鹽、胡椒，用攪拌器混拌至均勻融合。

❸ 在②中放入①，用橡皮刮刀混拌。加入完成過篩的粉類，由下朝上舀起般混合全體至粉類完全失為止。不要過度攪拌就是重點。

**烘烤**

❹ 將麵糊舀入模型中，連同模型從略高處朝桌面摔落數次，平整表面，以180℃的烤箱烘烤約30～40分鐘。用竹籤刺入，拔出若沒有沾黏麵糊即完成烘烤。也可搭配酸奶油享用。

# 蘋果和卡門貝爾起司的
# 鹹蛋糕

Cake au camembert et aux pommes

蘋果、起司和核桃，是相互提升美味的黃金組合。
切成略大的塊狀埋在麵糊中，有著滿滿的存在感。
剛出爐熱騰騰十分美味，因此建議也可用烤皿製作單人份。

## 材料 （直徑9cm的烤皿3個）

[ 麵糊 ]
低筋麵粉…75g
泡打粉…½小匙
雞蛋…1個
沙拉油、牛奶…各30ml
起司粉…20g
鹽…¼小匙
胡椒…適量

[ 內餡 ]
蘋果（紅玉等）…¼ ～ ⅓個
卡門貝爾起司…50g
核桃…20g

## 預備

• 混合低筋麵粉和泡打粉過篩。
• 在烤皿內舖放烤盤紙。
• 以180℃預熱烤箱備用。

## 預備內餡

① 蘋果切成3等分的月牙狀，除去蘋果芯，分切成2 ～ 3等分。卡門貝爾起司切成6等分，核桃切成粗粒。

## 製作麵糊

② 雞蛋打入缽盆中攪散，放入沙拉油、牛奶、起司粉、鹽、胡椒，用攪拌器混拌。至均勻融合後，加入完成過篩的粉類，用橡皮刮刀由下朝上舀起般，混合全體至粉類消失為止。不要過度攪拌就是重點。

## 烘烤

③ 將麵糊舀入烤皿內，連同烤皿從略高處朝桌面摔落數次，平整表面。在麵糊中埋入①的蘋果、卡門貝爾起司、核桃，以180℃的烤箱烘烤約20分鐘。用竹籤刺入，拔出若沒有沾黏麵糊即完成烘烤。

*Le vin suggéré*
**推薦的葡萄酒**
• 蘋果酒（cidre）
• 具果香的白葡萄酒或氣泡酒

# 菠菜和白醬的
# 鹹蛋糕

Cake aux épinards sauce béchamel

利用微波逐步加熱混拌，重覆至滑順地製作成簡易白醬，
搭配燙煮過的菠菜焗烤。
將其擺放在蛋糕麵糊上烘烤就能完成。
請在剛出爐時熱呼呼的享用。

**材料** （直徑9cm的烤皿3個）

[ 麵糊 ]

低筋麵粉…75g

泡打粉…½小匙

雞蛋…1個

沙拉油、牛奶…各30ml

起司粉…20g

鹽…¼小匙

胡椒…適量

[ 內餡 ]

菠菜…20g

白醬

　奶油（含鹽）、低筋麵粉…各10g

　牛奶…100ml

　鹽、胡椒…各少許

披薩用起司…15g

**預備**

• 奶油回復室溫。

• 混合低筋麵粉和泡打粉過篩。

• 在烤皿內舖放烤盤紙。

• 以180℃預熱烤箱備用。

**預備內餡**

❶ 菠菜快速汆燙後過冷水，確實擰乾水分，
切成2cm段。

**製作白醬**

❷ 將軟化的奶油放入耐熱容器內，加入低筋
麵粉充分混拌。加入牛奶（不需混拌），不覆蓋
保鮮膜地微波加熱1分30秒。取出，用攪拌器
混拌至滑順狀，再次微波加熱1分鐘。取出，
混拌至全體融合，加入①，用鹽、胡椒調味。

**製作麵糊**

❸ 雞蛋打入缽盆中攪散，放入沙拉油、牛
奶、起司粉、鹽、胡椒，用攪拌器混拌，至均
勻融合後，加入完成過篩的粉類，用橡皮刮刀
由下朝上舀起般混合全體，至粉類消失為止。
不要過度攪拌就是重點。

**烘烤**

❹ 將麵糊舀入烤皿內，使中央略呈凹陷。舀
入②的白醬菠菜，撒上起司，以180℃的烤箱
烘烤約20分鐘。用竹籤刺入，拔出若沒有沾
黏麵糊即完成烘烤。

# 可保存較久的
# 鹹蛋糕

即使攜帶外出也不會變形的鹹蛋
糕，很推薦帶去餐宴。製作方法
也很簡單，即使臨時受邀也沒問
題。添加的內餡食材可以有些堅
持，若使用大量新鮮香草，香氣
佳，毫無疑問能成爲熱烈的話
題。略放置後味道更融合，也能
更美味地搭配醃漬料理享用。

### · 新鮮香草的鹹蛋糕

香草清新爽朗的香氣～。數種搭配時，更
能提引出風味。

### · 橄欖油漬鮮蝦和綠色蔬菜

Q彈的鮮蝦搭配爽脆的蘆筍和甜豆，口感
和鮮艷的色彩就是重點。

### · 檸檬漬里脊、蕪菁和芹菜

具有口感的蕪菁和芹菜、檸檬風味、美味
多汁的雞里脊，滋味清爽。

推薦的葡萄酒
· 能感受到香草氣息的清爽白葡
萄酒

# 新鮮香草的鹹蛋糕

*Cake aux herbes fraiches et au fromage*

**材料**（8×17×7cm的磅蛋糕模1個）

[ 麵糊 ]

低筋麵粉… 150g

泡打粉… 1小匙

雞蛋… 2個

沙拉油、牛奶… 各60ml

起司粉… 40g

鹽… ½小匙

胡椒… 少許

[ 內餡 ]

平葉巴西利、香葉芹、蒔蘿、羅勒… 共計30g

奶油起司（cream cheese）… 100g

**預備**

• 混合低筋麵粉和泡打粉過篩。

• 在模型中舖入烤盤紙。

• 以180℃預熱烤箱備用。

**預備內餡**

❶ 香草類由枝幹上摘下葉片。奶油起司切成塊狀，置於冷藏室冷卻。

**製作麵團**

❷ 雞蛋打入缽盆中攪散，放入沙拉油、牛奶、起司粉、鹽、胡椒，用攪拌器混拌至均勻融合。

❸ 在②中放入①奶油起司之外的食材，用橡皮刮刀混拌。加入完成過篩的粉類，由下朝上舀起般混合全體至粉類完全消失爲止。不要過度攪拌就是重點，加入奶油起司，輕輕混合拌勻。

**烘烤**

❹ 將麵團放入模型，平整表面，以180℃的烤箱烘烤約30～40分鐘。用竹籤刺入，拔出若沒有沾黏麵糊即完成烘烤。

## 橄欖油漬鮮蝦和
## 綠色蔬菜

*Salade de crevettes et jeunes légumes de
printemps en marinade*

### 材料（4人份）

蘆筍（略粗）…3根
甜豆…12枝
蒔蘿…適量
熟草蝦…12隻
鹽、胡椒…各適量
橄欖油…½大匙

### 預備食材

❶ 蘆筍刨除根部5cm左右，堅硬部分的表皮，切成3～4cm的長度。甜豆除去二側粗纖維，放入加了略多食鹽（用量外）的熱水中，與蘆筍一起燙煮，撈起攤放在濾網上放涼。從蒔蘿枝幹上摘下葉片。草蝦切成方便食用的大小。

### 醃漬

❷ 在缽盆中放入①，用鹽、胡椒調味，加進橄欖油與全體混拌，掰開甜豆莢做出漂亮的盛盤。

## 檸檬漬里脊、
## 蕪菁和芹菜

*Salade de poulet au citron,
céleri et navet marinés*

### 材料（4人份）

蕪菁…2～3個　　　橄欖油…1大匙
芹菜…1根　　　　白葡萄酒…50ml
雞里脊…4條（250g）　檸檬汁…½大匙
鹽、胡椒…各適量　　檸檬圓片…4片

### 預備食材

❶ 蕪菁留下少許莖，切成6等分，略浸泡於水中以洗去莖部的髒污。芹菜除去老莖，斜向片切成1～1.5cm寬幅的片狀。除去雞里脊的筋，輕輕撒上鹽、胡椒。

### 加熱

❷ 在平底鍋中放入橄欖油的半量，用中火加熱，放入瀝去水分的蕪菁、芹菜拌炒約2分鐘，用鹽、胡椒調味，移至缽盆中。用相同的平底鍋，放入雞里脊、白葡萄酒，蓋上鍋蓋以中火加熱。葡萄酒沸騰後再加熱約1分鐘後熄火，蓋著鍋蓋放至降溫。

### 醃漬

❸ 將②的雞里脊撕成方便食用的大小後，與蕪菁、芹菜一放入缽盆中，加入剩餘的橄欖油、檸檬汁、檸檬圓片，全體充分混拌入味。

## Crème pâtissière

# 「卡士達餡」的
# 製作方法

法語是「Crème pâtissière」。
通常是以直火加熱製作，
但要避免燒焦又要能使粉類均勻受熱有點難度，
因此在此介紹，以微波爐簡單製作的方法。
可以用香草莢或櫻桃酒的香氣來提升風味。

### 材料 （方便製作的用量）

砂糖…60g          低筋麵粉…30g

香草莢…1.5cm      牛奶…300ml

蛋黃…3個

櫻桃酒*（若有）…少許

*櫻桃酒…櫻桃發酵後製作的蒸餾酒。是白
蘭地的一種，有杏仁果的香氣。

## 1

在耐熱缽盆中放入砂糖和
低筋麵粉，用攪拌器均勻
混拌。

## 2

剖開香草莢刮出香草籽，連
同香草莢一起放入鍋中。加
入牛奶用中火加熱，至噗滋
噗滋煮沸前熄火。

## 3

將2全部一次加入1的缽盆
中，用攪拌器混拌約30秒。
待產生濃稠，不覆蓋保鮮膜
地以微波加熱2分鐘。取出後
混拌全體，再次不覆蓋保鮮
膜微波加熱1分鐘。

## 4

取出後用攪拌器仔細混拌
全體，加入蛋黃迅速混拌。
不覆蓋保鮮膜地微波加熱
30秒。

## 5

移至不鏽鋼缽盆中，用橡皮
刮刀混拌全體。

## 6

將5的缽盆下墊冰水，混拌使
其冷卻，依個人喜好拌入櫻
桃酒（製作當日使用完畢）。

## Crème d'amande

# 「杏仁奶油餡」的
# 製作方法

Crème d'amande＝杏仁奶油餡，
就像和菓子中的「紅豆餡」一般，
是甜塔中不可或缺的奶油餡。
用等量的奶油、杏仁粉、砂糖，再加上雞蛋製作。
蛋液分成2～3次加入混拌，避免奶油餡產生油水分離。

### 材料 （方便製作的份量）

奶油（無鹽）… 100g
砂糖… 100g
雞蛋（放置於室溫約10分鐘後再使用）
　　 … 2個
杏仁粉… 100g

## 1

在缽盆中放入奶油，用攪拌
器混拌至呈滑順狀。

## 2

加入砂糖磨擦般地混拌。

## 3

攪散雞蛋，分2～3次加入，
每次加入都充分混拌至融入。

## 4

加入杏仁粉，用橡皮刮刀混
合拌勻，整合成團。

## 5

待全體充分混拌即完成。

### [ 保存時 ]

用保鮮膜包覆放入夾鏈袋
內，冷藏或冷凍保存。
保存時間：冷藏4天、冷凍3週
解凍方法：移至冷藏室冷凍，使
用時取出略放置於室溫下，就可
以變得容易使用了。

# 本書中使用的材料

### 低筋麵粉

本書使用的是低筋麵粉。中筋或高筋麵粉會產生黏稠，導致麵團容易收縮。

### 鮮奶油

基本上使用的是乳脂肪成分40%以上的產品（P.80無花果和山羊起司塔希望使用30%的產品）。打發使用時，下墊冰水打發即可。

### 奶油

除了製作甜酥麵團、杏仁奶油餡、檸檬酪、栗子奶油餡之外，本書使用的是含鹽奶油。麵團使用無鹽奶油時，加入麵團的鹽會略微增加。

### 杏仁粉

雖然比較喜歡去皮的，但帶皮的也OK。因爲容易氧化，因此開封後要儘早使用完畢。需冷藏。

### 雞蛋

使用M尺寸（全蛋約60g，蛋黃約20g）

### 油

主要用於鹹蛋糕麵團。建議使用沒有香氣的沙拉油或太白芝麻油。

### 砂糖

使用上白糖。具潤澤感，因此在糕點製作上很方便。依個人喜好也可以使用蔗砂糖。

### 粗鹽

標示的「鹽」是使用「粗鹽」。完成時作爲提味時，用的是具風味及美味的「海鹽」。

## Herbes
香草

**1_平葉巴西利**
野性強烈的香氣是特徵。放在完成的甜塔上，香氣十足。

**2_巴西利**
清新的香氣和微苦是特徵。在勃艮第大家習慣與火腿搭配享用。

**3_薄荷**
清涼感中具有甜味的香氣，很適合搭配檸檬等水果。

**4_蒔蘿**
清爽的香氣，不挑食材可萬用搭配的香草。烘焙至麵團中也能留下香氣。

**5_迷迭香**
清新氣息強烈的香草，建議使用少量即可。很適合搭配番茄、橄欖。

**6_香葉芹**
清爽的香甜氣息。雖然難以成為香草類的主角，但使用多種香草時，具有調整全體的作用。

**7_普羅旺斯香草粉**
是百里香、鼠尾草、迷迭香等綜合的香草，很適合搭配番茄、橄欖。

**8_羅勒**
具清涼感的香氣。與番茄、橄欖等地中海風味，以及起司都非常適合。

## Épice
香料

**1_香菜籽**
甘甜清爽、隱約帶著辛辣，搭配鳳梨就是南國風味了。

**2_小茴香籽**
具有咖哩風的異國香氣是特徵，加入鹹蛋糕也很美味。

**3_咖哩粉**
調合了20～30種辛香料的綜合香料粉，是日本人喜歡的香氣及味道。

**4_肉荳蔻**
甘甜具刺激的香氣，隱約微苦，很適合搭配焦糖類的味道。

**5_肉桂**
獨特的甘甜香氣，舌尖上隱約殘留辛辣是其特徵。與蘋果等水果最適合。

**6_粒狀黑胡椒**
有辣味的刺激香氣，不挑食材的百搭香料。

**7_粉紅胡椒**
特徵是清爽甘甜的香氣和輕微的辣味。雖是叫胡椒，但並非胡椒類。

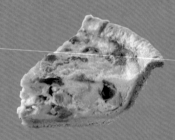

製作麵團

# Q & A

麵團無法順利延展，
無法漂亮地貼合在模型上…等等。
這裡回答麵團製作時容易產生的所有疑問。

**Q** 擀壓麵團時，變得黏黏地
難以延展。

**A** ⇒ Part.1「酥脆塔皮麵團 Pâte brisée」
和 Part.2「甜酥麵團 Pâte sucrée」都是
添加奶油的麵團。因此儘可能「迅速」
進行就是重點。作業時間太長、過度
碰觸麵團，會導致奶油融出而沾黏。
這個時候，請先將麵團放入冷藏室靜
置。如此會變得容易作業，也會變得
容易延展。

**Q** 麵團無法均勻延展。
有訣竅嗎？

**A** ⇒ 雙手置於擀麵棍的中央，「從中央
朝外擀壓」就是重點。如此會較容易施
力，麵團就能均勻延展了。

**Q** 請教將麵團
延展成漂亮正方形的方法。

**A** ⇒ 將烤盤紙的2端折出想要的麵團寬
幅，放入麵團延展。如此麵團就不會
延展超過烤盤紙，邊緣也很容易擀壓
成直線（P.69製作方法3）。此外，靜置
麵團時（整型前），先整合四邊收攏。

**Q** 無法順利地
將麵團舖至模型中，該怎麼辦 ...。

**A** ⇒ 上田老師的作法是，在上方仍覆蓋
著保鮮膜的狀態下，直接放進模型
中。用這個方法，可以避免直接接觸
麵團，因此比較不需擔心因體溫導致
奶油融化。麵團也更容易作業，可以
從保鮮膜上使麵團確實貼合模型。

**Q** 完成烘烤的麵團產生孔洞。
這樣直接倒入奶蛋液或奶油餡
也沒關係嗎？

**A** ⇒若是杏仁奶油餡等略硬的奶油餡，
孔洞不大時不需要擔心，但若是蛋液
等奶蛋液倒入有孔洞的派皮時，液體
會從孔洞流出，滲入派皮，特地烘烤
得酥脆的派皮就付之流水了。請用切
下剩餘的麵團填塞住孔洞後，再倒入
奶蛋液。麵團變薄的地方也可以用相
同方法處理。

**Q** 最喜歡鹹派了，但是很難烘烤成派皮
酥脆，奶蛋液濕潤的成品。請教訣竅？

**A** ⇒本書介紹的鹹派，非常注重「酥脆
餅皮搭配潤澤奶蛋液」。在加入餡料
之後，我們會用低溫長時間烘烤，以
確保完美的烘焙效果。麵團先進行空
燒備用，也是為了讓派皮更加酥脆。
因此，請一定要試試本書的方法。當
然，如果您想要更加確定的方法，也
可以像 P.38介紹的，做成「配料分開
的鹹派」。

系列名稱 / Joy Cooking

書名 / 法國人最喜歡的鹹派/甜塔/鹹蛋糕

作者 / 上田淳子

出版者 / 出版菊文化事業有限公司

發行人 / 趙天德

總編輯 / 車東蔚

翻譯 / 胡家齊

文 編‧校 對 / 編輯部

美編 / R.C. Work Shop

地址 / 台北市雨聲街77號1樓

TEL / (02)2838-7996

FAX / (02)2836-0028

初版日期 / 2023年5月

定價 / 新台幣400元

ISBN / 9789866210921

書號 / J156

讀者專線 / (02)2836-0069

www.ecook.com.tw

E-mail / service@ecook.com.tw

劃撥帳號 / 19260956大境文化事業有限公司

FRANCEJIN GA KOYONAKU AISURU 3SHU NO KONAMONO by Junko Ueda
Copyright © 2022 Junko Ueda
All rights reserved.
Original Japanese edition published by Seibundo Shinkosha Publishing Co., Ltd.
This Complex Chinese edition is published by arrangement with
Seibundo Shinkosha Publishing Co., Ltd., Tokyo in care of Tuttle-Mori Agency, Inc., Tokyo.

國家圖書館出版品預行編目資料

法國人最喜歡的鹹派/甜塔/鹹蛋糕

上田淳子 著;初版;臺北市

出版菊文化,2023 [112] 128面;

19×26公分(Joy Cooking;J156)

ISBN / 9789866210921

1.CST:點心食譜

427.16        112005087

Staff

攝影:新居明子
書籍設計:福間優子
造型:花沢理恵
法語翻譯:Adélaïde GRALL / Juli ROUMET
校正:ヴェリタ
編輯:飯村いずみ
Printing Director:山内 明(大日本印刷)
烹調助理:大溝睦子

◎攝影協助
ジョイント(リーノ・エ・リーナ、トリュフ)
03-3723-4270
KOZLIFE(ferm LIVING)
03-6435-2234